LA

CULTURE EN BILLONS

SAINT-CLOUD. — IMPRIMERIE DE Mme Ve BELIN.

LA

CULTURE EN BILLONS

D'APRÈS

LA MÉTHODE DE M. DECROMBECQUE

PAR

PAUL BLANCHEMAIN
PROFESSEUR D'AGRICULTURE,
Ancien élève de l'Institut normal agricole de Beauvais,
Membre fondateur de la Société des Agriculteurs de France, Membre
de la Société d'Agriculture de Châteauroux

PARIS
CHEZ CH. BLÉRIOT, LIBRAIRE-ÉDITEUR
QUAI DES GRANDS AUGUSTINS, 55

1869

LETTRE

ADRESSÉE A L'AUTEUR

PAR

M. DECROMBECQUE.

Mon cher Monsieur,

Je sais avec quelle persévérance et avec quel soin vous avez étudié les moindres points de ma culture, aussi je ne m'étonne pas de la précision et de la netteté avec lesquelles vous venez d'en faire l'exposé pratique.

Oui, je l'approuve avec plaisir et entièrement.

Votre résumé sera le plus complet et le mieux conçu de la méthode nouvelle que je m'efforce de propager.

Puisse-t-elle, grâce à cette publication, se généraliser ; car elle renferme, pour moi, tout le secret d'une production abondante, normale et économique.

Vous savez qu'en me livrant tout entier au perfectionnement de la culture en billons, et en la divulguant, mon but est désintéressé ; je n'ai qu'un désir, donner à mon pays de nouveaux moyens pour lutter victorieusement avec la production étrangère.

J'ai été heureux que vous soyez venu étudier et contrôler les résultats de mon travail.

Je vous remercie d'avoir mis au service de ma vieille expérience votre ardeur enthousiaste.

En attendant que vous me fassiez le plaisir de venir revoir mes cultures automnales et passer quelques jours à Lens,

Croyez-moi votre tout dévoué,

DECROMBECQUE.

Lens, ce 20 juillet 1868.

INTRODUCTION.

M. Decrombecque est le digne concurrent qui remportait à l'Exposition universelle de 1867 la première des récompenses accordées à l'agriculture du monde entier. Sans doute les antécédents de sa brillante carrière ont pesé dans cette décision ; mais ce fut le système productif et économique de sa nouvelle culture en billons qui attira surtout les éloges et qui fixa l'attention du jury international. Plusieurs praticiens et agronomes m'ont fait l'honneur de me demander de décrire cette méthode que j'ai étudiée sur place.

Exposer une idée est une difficile tâche, éclairer la pratique en est une plus épineuse encore. Aussi, après avoir répondu aux premières questions et après avoir essayé de satisfaire de justes impatiences, ai-je apporté tous mes soins à préciser les principes que j'avais une première fois exposés. Mon travail, je me hâte de le dire, n'est qu'une traduction authentique.

Aux diverses époques les plus importantes de l'année agricole, c'est dans la conversation même de l'éminent agriculteur dont j'eusse voulu être plus longtemps l'élève, et en face des champs où s'affirme avec l'évidence du fait, la supériorité du billonnage, que je suis allé puiser les principes essentiels de cette culture.

Témoin convaincu d'une rénovation si heureuse qu'elle a tout le mérite d'une invention, j'ai accepté avec joie de la faire connaître.

Que la culture en billons donne lieu à des hésitations et à des contradictions dans un pays où la culture à plat domine, cela est naturel. Elle y frappera pourtant les observateurs. Mais j'en appelle aux billonneurs du centre, de l'ouest et du midi de la France. Peut-être, comme moi, se sont-ils demandé si le billon, usité de temps immémorial dans ces contrées et que l'on retrouve dans les plaines les plus riches et les mieux cultivées de la Lombardie, n'a pas sa raison d'être. N'est-il pas imprudent de le rejeter sans essai lorsqu'un agriculteur du sens et de l'expérience de M. Decrombecque en a fait la base d'un système qui semble atteindre le but par excellence de notre art : *Une production économique et toujours moyenne.*

Sans dépouiller une vieille forme, ils pourront au contraire facilement introduire par elle le fond de toutes les améliorations nouvelles de l'agriculture du Nord, incarnées dans le billon par l'intelligence d'un de ses plus habiles représentants.

Mais avant d'exposer le système de M. Decrombecque, nous ne pouvons nous empêcher de jeter un regard sur le long passé agricole de ce vaillant améliorateur, de décrire le champ de bataille qu'il s'est choisi et de le contempler lui-même au milieu du triomphe que lui a valu l'opiniâtreté du travail.

La meilleure garantie de l'excellence de la transformation culturale qu'il propose avec l'autorité de sa longue expérience, c'est d'avoir su obtenir d'abord, à l'aide de méthodes qu'il regarde définitivement comme inférieures, les succès les plus incontestables.

Il ne s'attache pas à un mode nouveau en dépit des autres systèmes ; il ne répudie point son passé, il s'en appuie ; mais il le modifie parce que c'est la loi légitime du progrès d'abandonner ce qui est bien pour ce qui est mieux. Seuls, un examen mûri et une certitude évidente de réussite l'ont décidé à se faire le champion du billonnage.

Avant d'être le lauréat de la grande Exposition de Paris, il avait fait ses preuves. La prime d'honneur du Pas-de-Calais lui fut longtemps avant décernée ; il avait été distingué l'un des premiers parmi les agriculteurs français à l'Exposition universelle de Londres.

A l'appui de tant de titres, il présentait le spécimen

d'une exploitation de plus de 400 hectares transformée par lui et soumise à la culture la plus intensive.

Sans doute la plaine de Lens n'était pas une de ces terres foncièrement pauvres où le laboureur enfonce avec peine le soc de sa charrue, inquiet de savoir s'il recueillera le fruit de son rude labeur. M. Decrombecque devina dans ce sol tenace, à peine remué par ses prédécesseurs, boisé et inculte par endroits, le germe d'une fécondité qu'on admire aujourd'hui et dont il a su profiter, en le développant par des avances sagement faites.

« On dépense trop ou l'on ne dépense pas assez, me » disait-il un jour. Un des grands points de notre » art c'est de savoir bien dépenser. » En effet, il faut être sûr de soi-même et connaître à fond la science du sol pour jeter du premier coup 800 à 1,000 francs dans un hectare, en espérer, dès la deuxième année, un produit net et l'obtenir. C'est ainsi que des terres louées autrefois 15 fr. l'hectare furent achetées vingt ans après par M. Decrombecque 2,500 fr. Il les acquérait deux fois pour ainsi dire, car il ne faisait que payer des améliorations dont il était l'auteur; mais il les avait dirigées avec une telle connaissance de leurs besoins et une telle sûreté dans le choix des moyens à mettre en œuvre qu'il bénéficiait encore.

Pour qui ne voit que la ferme de Lens et les champs disséminés autour de la ville qui en dépendent, l'œuvre de M. Decrombecque ne frappe pas de prime abord.

On trouve tout si bien, si complet, la ferme si habilement organisée et les champs si fertiles qu'on oublie ce qui était pour ne plus penser qu'à ce qui est. On est trop porté à mettre sur le compte de la richesse de la terre et de l'heureuse disposition des lieux les transformations profondes qui doivent être attribuées à la persévérance et au savoir de l'exploitant.

L'établissement des houillères a donné à la ville de Lens une importance et une vitalité extraordinaires, mais M. Decrombecque a participé largement à l'accroissement et au bien-être dont elle jouit. Plus de 400 ouvriers attachés à ses fermes lui doivent l'aisance et le pain qui les nourrit.

Il a donné à la culture du voisinage un élan immense. Son exemple a cela de précieux que, parti de la situation la plus humble, cet homme opiniâtre, à force d'énergie, d'activité et de génie pratique, s'est élevé au premier rang. Nul n'est dispensé de l'imiter puisqu'il a parcouru tous les degrés de l'échelle sociale en affirmant une supériorité qui devait tôt ou tard le mettre en relief.

Livré de bonne heure à lui-même, il en profite pour prendre en main la conduite du mince héritage que lui laisse son père et, avec cet instinct merveilleux des affaires qui l'a toujours si bien servi depuis, avec cette fiévreuse énergie qu'on lui connaît, il se donne tout entier à la culture.

Le progrès, si lent toujours, marche avec lui à pas

de géant. Bientôt ses premiers succès ont mis à sa disposition des fonds qui lui manquaient d'abord. L'emploi en est décidé. Un des premiers il a compris l'importante alliance de l'industrie à l'agriculture; il ouvre la voie à cette féconde idée : il se fait fabricant. La sucrerie de Lens est une des plus anciennement annexées en France à une ferme.

Depuis ce jour, préoccupé du double problème de la production abondante de la betterave et de l'utilisation des résidus, il imprime à sa culture une impulsion nouvelle et il se jette dans la spéculation de l'engraissement.

Avec un coup d'œil toujours sûr, il approfondit la situation, il en prévoit les dangers comme les chances heureuses, et il la domine. En moins de temps qu'il ne faut à d'autres pour se résoudre, il agit. Agriculteur, il devient marchand, négociant, engraisseur, et grâce à cette activité, à cette observation minutieuse de toutes choses qui fait le fond de cet esprit vivace, il triomphera dans ces entreprises toutes diverses. C'est qu'il est nécessaire, comme il le dit lui-même, de se pénétrer de cette idée : « Que l'agri-» culture est le métier le plus compliqué, le plus » ardu, le plus difficile de tous, et qu'un bon agricul-» teur doit posséder une multitude de connaissances » et n'être étranger à aucune. » Il l'a prouvé.

Prudent avant tout, M. Decrombecque, en opérant ces transformations successives, ne voulut pas engloutir dans des constructions ruineuses des sommes qui seraient employées d'une façon bien autrement utile à constituer un fonds de roulement capable de lui assurer le succès.

Utilisant les bâtiments qu'il possédait déjà, il n'éleva que ceux qu'il dut forcément ajouter, et il le fit avec une économie raisonnée et sage, dont on ne devrait se départir jamais.

Il imitait en cela les Anglais qu'il aime souvent à appeler ses maîtres.

Si l'agriculture de notre pays surpasse, en effet, l'agriculture anglaise, grâce à la richesse de son sol, à la douceur de ses climats et à la variété de ses produits, elle a dû lui emprunter en partie ce matériel admirable que chaque jour elle s'approprie en le perfectionnant, et elle ne saurait trop apprendre de son émule à refuser obstinément le crédit aux fondations désastreuses qui immobilisent ou dissipent les capitaux, pour l'accorder sans réserve aux entreprises nécessaires et fécondes par nature.

Mais, dans une courte description, jetons un coup d'œil sur l'ensemble de l'établissement de M. Decrombecque.

La ferme proprement dite de Lens est située dans la ville même. Elle occupe un vaste espace à peu près carré, divisé en deux cours, et elle s'appuie à l'est contre les anciennes murailles.

Quand on a franchi la porte principale faisant face

à la grande rue, on a à sa droite la maison de maître qui fait angle et qui a vue sur la première cour ainsi que sur l'entrée. A la suite sont : les forges où M. Decrombecque fait construire, modifier et réparer presque tout son outillage ; l'atelier de préparation des nourritures où la vapeur cuit, dans de larges cuves, les grains préalablement broyés et unis aux fourrages hachés.

A gauche, voici la grande écurie. Au bout, une salle spéciale contient les bacs dans lesquels fermente la nourriture préparée pour le lendemain; puis viennent les ateliers de serrurerie, de charronnage. Sur le côté nord, est établi le gazomètre avec ses dépendances. C'est là que s'élabore le fluide économique qui éclaire la nuit ce vaste établissement. Le travail continu de la fabrication nécessite cet éclairage dans les locaux où elle s'exécute, et l'obligation d'une surveillance exacte l'exige presque partout.

La fabrique est formée par l'ensemble des bâtiments qui séparent les deux cours. Concentrée, restreinte, elle a reçu des dispositions telles que rien de ce qui facilite les diverses opérations de la fabrication, ni rien de ce qui tend à placer l'ouvrier dans un milieu sain n'a été omis. Le matériel des plus complets s'est enrichi des meilleures découvertes de la mécanique industrielle. Ce fut à l'Exposition universelle de 1855 que M. Decrombecque acheta, d'un célèbre constructeur de Berlin, l'appareil à triple effet, aux chaudières de cuivre, qui depuis cette époque a toujours fonctionné avec succès dans son usine.

En général, les fabricants de sucre suspendent leurs travaux au printemps, et alors le nombreux personnel qu'ils occupent l'hiver, en partie délaissé pendant l'été, devient d'un difficile recrutement à chaque ouverture de campagne. M. Decrombecque, résolu à changer un état de choses aussi regrettable pour le propriétaire que désastreux pour l'ouvrier, annexa une raffinerie à la sucrerie. Le produit de l'extraction des sucres s'élève annuellement à 120,000 pains ou environ 1,020,000 kil. D'autres sucs bruts sont achetés et le raffinage se poursuit toute l'année. Une grande partie du personnel peut être conservé. De plus, il résulte de cette continuité du travail une plus grande habileté chez ceux qui l'opèrent et une augmentation considérable des résidus de noir animal ainsi que des cendres des générateurs, qui viennent accroître la masse des engrais.

C'est dans la première cour, en face de la fabrique, que s'élève, à la place des fumiers qui l'encombraient naguère, un arbre verdoyant, image vigoureuse et vivante d'un progrès incessant, arbre de la vraie liberté qui affranchit l'homme par l'intelligence et par le travail, qui l'enrichit et qui lui conquiert cette royauté pacifique sur le sol régénéré par ses sueurs.

Cet arbre porte l'inscription suivante :

Ici même, où vainqueur, j'enfonce ma racine,
Pourrissait un fumier, enfant de la routine,
De ses exhalaisons les corps pernicieux
Épuisaient sa nature, empoisonnaient ces lieux;
Dans l'étable aujourd'hui, lit doux et salutaire,
Il garde sa vertu, féconde mieux la terre.

La seconde cour est un peu irrégulière ; les constructions y sont jetées çà et là, mais toutes ont leur importance. Les boxes où les animaux s'engraissent à l'état libre, garantis du froid ou de la chaleur selon la saison et privés de la lumière, ont leur toit de chaume appuyé sur la paroi nord des murailles qui closent la ferme. Plus loin s'élèvent d'autres étables, des magasins et un bâtiment plus vaste, au centre duquel une machine met en mouvement le broyeur des tourteaux destinés soit à la nourriture des animaux, soit à l'amélioration des terres, et la batteuse avec le hache-paille.

La batteuse est établie dans un grenier où, à mesure des besoins et des ventes, on transporte les gerbes des meules construites sur les champs; aussi le battage est-il aisé et rapide. Il en est de même de la coupe des pailles qui tombent de la machine à battre dans un second grenier à niveau renfermant le hache-paille dont les résidus se déversent sur une plateforme au dehors. Les profonds silos à pulpes qu'abritent ces divers greniers se couvrent une fois remplis. On a alors un vaste réceptacle pour loger les instruments et, au besoin, pour rentrer les masses de paille dans les moments où l'on bat beaucoup.

Sous deux ou trois hangars qui occupent le milieu de la cour : hangar du matériel, hangar des engrais chimiques ou industriels, hangar de la chaux et de la terre desséchée, existent d'autres silos qui suffisent à peine pour entasser la provision de nourriture nécessaire à un engraissement perpétuel.

La partie sud fait un retour et rejoint la maison de maître. Elle comprend de nouvelles boxes, une étable séparée pour les animaux malades, un grand magasin plein de tourteaux ainsi que d'autres denrées commerciales, utiles à l'exploitation et qu'on se procure d'avance au meilleur compte; enfin, l'écurie des bœufs de travail. Ils sont relativement peu nombreux à la ferme de Lens, car l'exportation des produits que l'on y concentre, le transport des nourritures qui y sont préparées pour les animaux des autres fermes nécessitent de continuels charrois auxquels les chevaux sont plus propres que les bœufs.

Cette ferme dont M. Decrombecque a transformé, et agencé les bâtiments pour les approprier aux mille détails de son entreprise existait en partie avant lui, et les champs qu'il a fécondés, purgés, couverts de splendides récoltes, avaient déjà bu d'autres sueurs.

On y découvre partout la trace de son intelligente et minutieuse direction; mais si l'on admire la manière dont il a su tirer parti des moindres objets et plier ses idées à la situation sans faire, comme tant de novateurs, table rase de tout pour n'édifier ensuite rien de stable, il faut voir son génie pratique se développer à l'aise sur un sol neuf. La lande inculte, voilà le champ qu'il préfère; c'est là où il excelle, où il marche avec une certitude étonnante et une prudence calculée, fortifié qu'il est par une possession et un amour de son art qui enthousiasment les plus froids.

La simplicité des moyens qu'il met alors en œuvre est remarquable. J'en veux donner pour exemple la ferme du bois de Lens qu'il a créée de toutes pièces : *bâtiments et terres*. Naguère, c'était un sol moitié inculte, moitié couvert de bois, aujourd'hui c'est une plaine luxuriante où la betterave, les blés, le colza, toutes nos plantes les plus productives attirent par leur magnifique aspect, et contrastent par leur étonnante vigueur avec les champs maigres qui s'y encadrent, et les terres abandonnées qui les limitent.

Voici la ferme. A l'entrée est l'habitation du contremaître et des ouvriers. Au centre, deux hangars ouverts abritent l'un des instruments nombreux, puissants et perfectionnés, l'autre les terres desséchées qu'on répand chaque jour sur les litières. A droite et à gauche les étables disparaissent à demi dans le sol. L'une d'elles n'a pour ainsi dire point de murailles; des arbres dégrossis, dépouille de l'ancien bois, inclinés pour former le toit, et sur lesquels des treillis de paille sont liés fortement avec des osiers en constituent toute l'architecture.

Cette construction grossière, dont les matériaux ont été façonnés par la hache et unis à la hâte, semble ne tenir à rien, et cependant elle résiste depuis vingt ans et elle durera encore longtemps. Là vivent et se succèdent trente superbes bœufs ou taureaux de trait.

L'autre bâtiment a des murailles et pour cause. Deux étables, dont l'inférieure est voûtée en briques, s'y superposent. Cinquante à soixante animaux à l'engrais y sont à l'aise. Établie sur le côté long opposé, une série de boxes reçoit d'autres bêtes destinées également à l'engraissement.

Enfin, un hangar fermé de trois côtés abrite de grandes fosses à pulpes et fait face à la maison des ouvriers.

Vrai campement agricole, cette ferme peu luxueuse étonne le visiteur. Puis il remarque que ces abris spacieux et légers, couverts de paille et profonds comme une cave, gardent la fraîcheur en été et la chaleur en hiver, que les animaux se trouvent au moins aussi bien entre deux murailles de terre et sous un toit d'arbres mal écorcés que dans des étables élevées à grands renforts de moellons et de poutres équarries, et il admire cette création qu'il s'apprêtait à critiquer.

En peu de semaines, en effet, et avec quelques milliers de francs, un établissement complet a surgi tout à coup du sol en même temps que le premier trait de charrue l'entr'ouvrait. Précipitation heureuse quand elle est réglée! L'entreprise qui a été prospère pouvait être mauvaise. La terre eût toujours donné assez pour payer la construction de ces masures; elle eût ruiné l'imprudent qui aurait du premier coup, comme il arrive si souvent, bâti sa demeure là où il n'aurait fallu que poser sa tente.

M. Decrombecque a encore trois autres exploitations : la ferme du Bois-Rigaud qui touche à celle du bois de Lens et qui en est en quelque sorte la succursale, la ferme d'Avion et la terre de Vemy.

Avion est vaste, c'est une ancienne distillerie pouvant revivre un jour; mais momentanément transformée en granges et en étables. On y compte en tout temps une soixantaine de bêtes à l'engrais et 25 à 30 bœufs de trait. Avion possède un sol assez riche, profond, argilo-calcaire et se rapprochant beaucoup de la nature des champs de Lens.

Quant à Vemy, toutes les difficultés y sont accumulées. Située à 10 kil. de Lens, cette terre qui n'est absolument qu'une terre, puisqu'elle ne porte qu'une étable où l'on abrite les animaux venus d'Avion pendant la saison des travaux, est d'une culture pénible. Le plateau sur lequel s'étendent les champs est constitué dans sa plus grande étendue par une argile tenace, caillouteuse, malaisée à travailler pendant les pluies et les chaleurs; sur d'autres parties en côte, le sol pierreux et peu profond se dessèche, les récoltes brûlent.

En dépit de tant d'obstacles triplés par la distance, M. Decrombecque a improvisé là une culture intensive. Sous le soc puissant de ses défonceuses, il a bouleversé, divisé, ameubli les points tenaces; l'engrais, répandu avec discernement sur les côtes arides, les a garanties. Vemy a commencé à produire des betteraves et du blé ; son territoire se couvre de superbes avoines. A l'aspect plus fertile des plantes, l'œil exercé distingue d'avec les propriétés voisines ce sol rajeuni et revivifié.

Si l'exécution des travaux dans ces fermes lointaines est laissée à des contre-maîtres, la direction tout entière émane du chef. Pas une opération qu'il n'ait commandée, contrôlée et appréciée par lui-même. Toujours debout avant cinq heures du matin, il prévoit, il veille, il ordonne. Vif et précis, il s'étonne que l'on ne devine pas d'un coup le faible de chaque chose et qu'on n'y remédie point. Sans abandonner jamais cette impulsion d'ensemble qui ne peut venir que de lui, il ne sait pas négliger un détail ; il poursuit sa pensée, et en même temps il pense en quelque sorte pour tous ses contre-maîtres, il voit tout et il n'oublie rien.

Les tempéraments les plus jeunes et les plus vigoureux s'usent à suivre ce travailleur, opiniâtre jusqu'à l'épuisement, et qui retrouve d'intarissables forces dans une volonté de fer.

Et pourquoi ne dirai-je pas la grande admiration

qu'il m'inspire! De tels hommes, rudes pour eux-mêmes et tout entiers préoccupés de leur œuvre, ont des heures pénibles où ils se blessent de n'être pas compris et où ils fuient tout contact ; mais, qu'ils donnent un précieux élan dans un siècle où les plaisirs absorbent tant d'âmes capables de grandes choses, et les ravissent aux labeurs qui raniment les sociétés! Sérieux surtout par l'expérience, habitués à compter avec toutes les situations et toutes les difficultés, observateurs et juges hors ligne, ils vont au cœur des questions, ils les envisagent à la lumière du vrai et ils apportent dans les discussions des intérêts du pays le sens pratique, critérium nécessaire des théories illusoires pour lesquelles notre imagination se passionne si aisément.

C'est que l'agriculture est quelque chose de positif et d'élevé tout ensemble, au-dessus de quoi je ne puis placer, en comparant leurs bienfaits, que la religion, cette première source de toute régénération sociale. Non, personne ne se livre à l'agriculture avec dévouement sans comprendre tout ce qu'elle peut pour le bien-être et le bonheur des peuples, et sans tenir un compte forcé des obstacles qui s'opposent à la réalisation d'un progrès si désirable.

Y travailler est donc un grand devoir ; mais c'est un grand honneur, quand on le fait avec le zèle et le courage de l'infatigable laboureur de Lens.

LA CULTURE EN BILLONS

CHAPITRE PREMIER.

De la généralisation de la culture en billons.

La culture en billons est tout à la fois la question agricole, la plus vieille et la plus neuve qui puisse être soulevée : la plus vieille, car elle se rapporte à un système cultural très-anciennement usité, la plus neuve en ce qu'elle n'a été exposée et discutée à fond, que nous sachions, dans aucuns de nos ouvrages d'agriculture et parce que ceux qui en conseillent la pratique l'ont en quelque sorte transformée et régénérée.

C'est sous ce dernier aspect qu'elle mérite d'être étudiée. Elle a eu dans ces derniers temps des détracteurs, elle a eu des défenseurs ; elle émeut, donc elle intéresse, et c'est à juste titre, si l'on en juge par les résultats qu'elle a déjà donnés à ses propagateurs.

notamment à M. Decrombecque, qui a eu le premier l'idée de la remettre en vigueur aussi bien pour les céréales que pour les racines. La doit-on ainsi généraliser? Tel est le point qu'il nous faut tout d'abord chercher à élucider.

Quelques-uns ont pensé que le billon ne pouvait offrir d'avantages que sur certaines terres, particulièrement celles qui sont humides ou imperméables; et d'autres se sont demandé, au contraire, si cette méthode de culture ne devait pas être adoptée dans presque tous les sols et pour presque toutes les récoltes.

Aux uns et aux autres, je demanderai à poser cette question : *Est-il vrai que les agents atmosphériques aient une très-réelle et très-profitable action sur le sol dont ils transforment les éléments, soit physiquement par simple désagrégation, soit chimiquement par l'apport de substances gazeuses venant s'y combiner?*

Si vous admettez la certitude de ce principe, et je n'en doute pas, vous donnez de suite, à mon sens, gain de cause au billon; car un de ses premiers avantages, le plus important peut-être, c'est de faire de l'air, pour ainsi dire, *notre premier laboureur et notre premier producteur d'engrais*, en utilisant ses facultés fécondantes et travailleuses.

Examinant l'ouvrage d'une charrue Vallerand qui, en soulevant une large et profonde tranche de terre, avait formé d'un seul coup les billons d'un champ, je remarquai que le sol immédiatement placé sous le billon et qui, naturellement, n'avait pas été attaqué par l'instrument, était presque aussi pourri et ameubli que le reste; j'en conclus que l'air, qui avait sa libre action dans le fond du sillon, était venu travailler derrière le laboureur et achever ce que celui-ci avait à dessein négligé. En un mot, le billon était pénétré de part en part, comme s'il avait été labouré totalement, avec cette différence que la partie inférieure n'ayant pas été remuée artificiellement devait conserver encore un tassement, une fermeté favorable au pivotement de la betterave qu'on allait y semer au printemps.

Mais l'aération n'est pas seulement utile pour la transformation et l'enrichissement du sol, elle est nécessaire aux germes et aux racines pour s'assimiler les sucs; elle est nécessaire aux tiges pour se fortifier dès l'origine et prendre un pied capable de résister plus tard à la verse. Or, il est difficile, pour ne pas dire impossible, de mettre les plantes dans des conditions meilleures à cet égard que ne le fait la culture en billons. Elles poussent sur une terre relevée, continuellement imprégnée par l'air dont on tempère, s'il est nécessaire, l'action par des roulages; les extrémités de leurs racines, qui cherchent le fond libre des sillons, jouissent encore, par le fait de binages répétés, du bienfait des influences extérieures. Quand le végétal a grandi, l'air circule aussi dans les sillons. Ce dernier résultat, la culture en lignes l'atteint également; mais les plantes du billon forment comme un bataillon épais et résistent mieux au vent que la ligne.

Ainsi l'air partout, toujours l'air, dans le sol et sur le sol. N'est-il pas le milieu nécessaire à l'action et au déploiement complet des forces vitales? Tout être, animal ou plante, y prend, s'il en jouit à satiété, le plus parfait développement, en admettant du reste qu'il trouve les autres éléments qui servent à le constituer.

La culture en billons ne peut sans doute garantir de la verse d'une manière absolue, mais elle a pour elle, des expériences, qui jusqu'ici lui ont donné raison en face de ce fléau ainsi que les lois essentielles de la vie végétale sur lesquelles elle s'appuie et se raisonne.

Le point fondamental de l'aération par le billonnage étant posé, faisons un pas de plus ; voyons, en nous aidant des renseignements de la pratique sur diverses sortes de terrains, si cette culture n'offre pas d'autres très-importants avantages.

Généralement on admet que le billon est excellent dans les terrains argileux, imperméables, et pour deux raisons : la première, c'est parce que la compacité de leur masse est singulièrement combattue par cette culture qui dispose la surface en zigzags. Le sol ne peut plus se rasseoir complétement, la gelée a plus d'action pour l'ameublir, la chaleur en a moins pour le durcir. La seconde raison, c'est qu'avec le billon, l'humidité n'est pas un aussi grand obstacle au travail ; elle ne nuit plus, son excès même s'utilise.

Dans les terres argileuses cultivées à plat, avant que le grain ne leur ait été confié et tandis que le moindre temps est si précieux pour les préparations automnales, de grandes flaques d'eau séjournent sur les champs et arrêtent tout travail. Le même inconvénient se produit pendant la végétation; les plantes sont noyées et exposées à la gelée en même temps qu'à la pourriture.

Sur une terre billonnée, qu'une reprise de gelée survienne après un dégel, la couche a eu le temps de se ressuyer autour des végétaux, et ils ne souffrent pas. La gelée n'est vraiment dangereuse, en effet, qu'autant que la terre qui environne la plante est trop humide ; car dans un sol essuyé, elle a, au contraire, l'avantage d'effriter les mottes et de rechausser les plantes. Or, de même que l'inégalité de la surface la rend plus pénétrable à l'air, elle la rend plus perméable à l'eau qui s'égoutte plus vite qu'au travers d'une surface unie et le plus souvent durcie.

D'ailleurs, l'eau séjourne-t-elle? Elle n'est plus à la hauteur du collet des plantes, ce qui est toujours mauvais; elle s'amasse au fond du sillon et dans le voisinage des racines qui viendront y puiser, au premier jour sec, l'humidité nécessaire à leurs fonctions.

Il est des sols très-humides qui, labourés à plat profondément dans l'arrière-saison, forment une pâte épaisse et boueuse, où il n'est possible de remettre la charrue qu'au mois de mai et quelquefois même plus tard encore. On est contraint de ne les écrouter que légèrement avant l'hiver, se réservant de les reprendre au printemps dans la portion profonde qui est restée ferme et susceptible de se bien briser sous la pression du versoir. Grâce au billonnage, la portion supérieure de l'ados, c'est-à-dire la plus meuble, la plus disposée à pâter se ressuie par sa situation élevée; et la portion inférieure conserve la fermeté puisqu'on ne l'a pas attaquée. D'autre part, le sol est ouvert profondément aux influences atmosphériques pendant toute la saison d'hiver.

Mais par suite de pluies continues, au moment le plus favorable peut-être pour exécuter des opérations culturales pressées, telles que semis, roulage, etc., tous les sols sont humides, sans être imperméables. Il faut attendre quelquefois plusieurs jours pour les travailler. Le succès de la récolte est compromis par ces retards.

Avec la méthode de M. Decrombecque, ce grand inconvénient disparaît. Entre deux pluies vous pouvez entrer dans vos champs, car les billons asséchés plus vite encore que dans les terres argileuses peuvent recevoir la semence et se prêtent à l'action des instruments. Ainsi ai-je vu à Lens nombre de champs de betteraves levés avant que les cultivateurs des contrées voisines eussent pu achever de semer les leurs. Quant au semis des blés, il peut, avec beaucoup plus de chance de réussite que dans la culture ordinaire, être exécuté par un temps mouillé. Relevé même humide dans le couvrage, comme je l'explique au chapitre spécial des cultures, le sol non-seulement s'égouttera, mais grâce à cette situation qui laisse toute son influence à l'air, il ne pourra ni se durcir, ni se battre. Immense point, car on sait combien de récoltes sont perdues ou diminuées par le battage du sol.

Le billonnage permet donc de travailler tous les sols humides par nature ou par circonstance, et surtout de les semer alors qu'on n'y pourrait pas entrer sans cette méthode.

Sur les terres légères et promptes à se dessécher notamment, la possibilité de semer pendant l'humidité est des plus favorables : la présence de l'eau, hâtant la germination, assure la levée du végétal et donne le temps à ses racines de gagner la couche interne du billon. Dans cette couche, que M. Decrombecque a pour principe de solidifier longtemps avant le semis, l'humidité du sous-sol, très-uni au sol par le tassement, monte par capillarité ; et si l'on y joint l'action énergique des hersages, des chaînages opérés pendant l'été, on comprend encore l'utilité du billonnage dans ces sols. On y trouve pour leur culture un autre avantage, celui de doubler la couche arable en relevant par le passage du billonneur la bonne terre des fonds pour former des billons. L'importance de cette opération est très-considérable. Dans le Berry où le billonnage, trop souvent mal compris et mal fait, existe de temps immémorial, plusieurs propriétaires avaient poussé leurs métayers à adopter la culture à plat en planches, comme leur paraissant amélioratrice. Bientôt ils constatèrent un déficit dans les récoltes, ils remirent en honneur le vieux billon. Ils en attribuaient le succès à la plus grande épaisseur de terre végétale où croissait la plante, en même temps qu'ils reconnaissaient comme nous l'action certaine et très-notable de l'air. Et comment expliquer autrement des récoltes faites sur des sols maigres, sales, peu travaillés et encore moins fumés?

C'est la répétition en grand, moins évidente peut-être par les résultats, mais tout aussi concluante, de l'expérience du révérend Samuel Smith sur laquelle M. Decrombecque s'appuie : « Dans une terre de Lois

Veddon, écrit-il, dont il faisait manier et remanier la couche jusqu'à une forte profondeur, ce célèbre docteur est arrivé à obtenir, pendant une série d'années, des récoltes telles qu'elles laissaient croire à la possibilité d'une culture sans engrais.

« C'est sur cette base que j'ai établi mon système, c'est pour utiliser cette puissance fécondante de l'aération que j'ai été conduit à faire des billons. »

Il a été objecté contre le mode de doubler la couche arable que si l'on était obligé d'y recourir c'était parce que les labours n'étaient pas assez profonds, qu'il fallait alors *donner de l'entrure à la charrue.*

On le sait, M. Decrombecque, autant que personne, laboure profondément. Mais il me semble qu'il y a plus à dire, et c'est le cas de faire ressortir, au point de vue de l'application des engrais comparée à la production, le caractère économique de la culture en billons et le bienfait qui peut résulter de sa généralisation.

Si les labours profonds ont le grand avantage de ramener à la surface une portion de la couche inférieure du sol et de l'exposer aux influences extérieures qui la fertilisent, ils ont l'inconvénient, à moins qu'on ne dispose d'une quantité d'engrais en rapport avec la portion ramenée, de paralyser pour quelque temps l'élan de la force productive (1).

Ce fait est surtout à remarquer sur les terrains maigres et dégoûte de toute tentative de ce genre les métayers qui cultivent ces sortes de terrains. Tout le monde conviendra, en effet, que la plupart sont complétement dans l'impossibilité de donner à leurs champs le moindre supplément d'engrais, et que c'est tout au plus s'ils y apportent le strict nécessaire. Le billonnage devient alors une vraie amélioration et une vraie ressource : une ressource, parce qu'en attendant que les engrais augmentent, il permet de profiter avantageusement des moindres quantités

(1) Je lisais dans un article très-intéressant du *Journal d'agriculture pratique* sur la culture de M. Vallerand, à Mouffaye, que son labour, pour se traduire par des récoltes rémunératrices, nécessitait des fumures de 80 à 100 mille kilos de fumier à l'hectare, et cela avec un supplément de 300 kilos de fumure superficielle.

qu'on en possède et, malgré ce modique capital, il met encore la plante dans des conditions assez favorables pour la production en utilisant, autant que faire se peut, toutes les forces vives du sol et de l'atmosphère; une amélioration, car, tandis que le travail de la végétation se fait sur les billons, les sillons, qui sont comme les portes ouvertes du sous-sol, et que l'on peut perforer, traverser avec des défonceuses, plus profondément et plus facilement encore que ne le feraient la plupart des charrues, se pénètrent et s'améliorent par l'action successive ou combinée de l'air, de la gelée, des brouillards, de l'eau et de la chaleur.

Il est bon de dire aussi que le billonneur Howard, qui, n'était son prix, remplacerait merveilleusement l'impuissant araire des cultivateurs du Centre, a cela de particulier que, si profondément qu'il travaille la couche, il ne la retourne pas, mais la mêle. Or, n'est-ce pas en mêlant plutôt qu'en retournant les couches, comme cela a lieu dans le travail de la charrue, que l'on arrive moins brusquement à la transformation

du sol, et qu'on échappe à la crise d'improducti
grand effroi des petits cultivateurs.

Il ne faudrait pas croire pourtant que cette m
amélioratrice, plus lente, mais prudente et sûre
présente la culture en billons dans les sols pa
soit l'unique voie qu'elle puisse suivre. Comme
les systèmes de haute portée et vraiment bons
varie avec les terres et avec les moyens dont on
pose, et dans un pays riche où le capital est élev
les grosses fumures sont possibles, elle n'hésiter
à accroître toutes ses forces productives à
des labours les plus profonds. Alors, au lie
billonneur Howard seulement, elle emploiera la gr
charrue Vallerand ou la puissante billonneuse
M. Decrombecque vient d'inventer, à l'aide desqu
elle défoncera et retournera le sol tous les deu
trois ans, ainsi que cela se pratique à Lens.

Devant tant de preuves excellentes, m'appu
sur les études sérieuses et les expériences en g
dont j'ai été le témoin, je voudrais insister po
conservation ou pour l'adoption du billonnage, qu

paraît un des meilleurs systèmes améliorateurs.

On va peut-être dire : « Nous l'admettons pour les terrains maigres ; mais sur les terres riches et qui ont atteint le plus haut degré d'amélioration et de fertilité, nous croyons ce mode arriéré et mauvais.

» Pourquoi ne pas profiter de toute la surface du sol et pourquoi économiser les forces productives où elles surabondent ? Pourquoi introniser un nouveau système cultural, qui nécessite un matériel nouveau ? Quel motif a-t-on de vouloir substituer la culture en billons à la culture à plat qui paraît avoir donné, *entre des mains habiles*, le maximum des récoltes le plus élevé qu'on puisse espérer ?

« Et d'abord pourquoi n'ensemencer que les deux tiers et quelquefois même qu'un tiers de la surface du champ ? Pourquoi un si grand espace perdu ? »

— D'où vient que les maraîchers, ces maîtres cultivateurs, qui ont tant d'intérêt à produire vite et beaucoup, cultivent presque toujours en lignes et à grande distance ? D'où vient que l'on retranche de l'arbre une bonne part de ses rameaux et plus du tiers souvent de ses boutons fructifères? C'est qu'on a vu qu'il fallait, dans certaines mesures sans doute, réduire le nombre des plants ou des boutons pour que recevant davantage l'action de la lumière et de la chaleur, absorbant plus à l'aise la nourriture, ils se fortifient, se défendent mieux contre les intempéries ou les insectes.

On diminue les risques en diminuant le nombre des sujets, et en augmentant aussi les forces vitales de chacun d'eux.

Tel est le but des billons qui, en offrant aux plantes l'avantage de l'union sur leurs sommets, leur permettent, dans l'espace libre du sillon, d'étendre leurs racines et de déployer leurs tiges.

Arrachez des plants venus dans des cultures à plat, vous trouverez des racines enchevêtrées qui se disputent la moindre parcelle d'engrais et qui se gênent mutuellement au point de s'atrophier à la longue.

Les tiges à la surface du champ se livrent un combat analogue pour jouir de la lumière; il en résulte une végétation précipitée, maladive, anormale; les pieds plus faibles avortent et ceux qui l'emportent ayant trop dépensé dans la lutte, sur les terres déshéritées, manquent de séve pour accomplir la grenaison dans des conditions satisfaisantes, tandis que dans les terres riches, où ils ont poussé démesurément sans prendre de force à la base, ils ne peuvent pas résister aux intempéries, à la verse.

Inutile de dire que l'épuisement du sol est alors très-considérable et sans un très-grand profit pour la production.

Avec le billon, les plantes qui sont bien nourries et en nombre restreint poussent vigoureusement, elles ont leurs coudées franches, si je puis dire, et il n'y a pas d'arrêt dans leur végétation. Mais chose plus étonnante, et qui doit frapper tous les agriculteurs, c'est que M. Decrombecque affirme que de ce développement régulier résulte une grande économie de fumure. Il va même jusqu'à dire qu'il pourrait supprimer la plus grande partie de son bétail et continuer sans perte une rotation de culture, tant son sol est puissamment riche.

On se l'explique, du reste, par les façons nombreuses, énergiques, qu'il fait subir à ses champs et qui se prolongent bien au delà de l'époque où se donnent les binages ordinaires. Les défoncements de l'entre-billon, les roulages, les hersages et surtout les chaînages, cultures spéciales dont nous examinerons la suite avec détails, ont une action évidente et des plus heureuses sur les récoltes. En quelques jours ils en transforment l'aspect. Entre les mains de l'habile agriculteur de Lens, leur effet a quelque chose de magique, tant il est prompt.

« Pourquoi, dira-t-on encore, introduire un mode de culture qui demande un matériel nouveau quand la culture à plat a donné peut-être le plus haut maximum de récoltes possibles ? »

Le chapitre suivant, qui traite des instruments employés à Lens, répond à cette question ; aussi me bornerai-je à dire ici que : 1° le matériel nouveau qui semble effrayer les expérimentateurs et faute duquel, je dois le dire, on a fait des essais de culture en billons qui ont donné des résultats médiocres, n'est pas à beaucoup près aussi compliqué et surtout aussi différent qu'on pourrait le croire de celui que nécessite la culture à plat ; et que 2° ce matériel a pour lui la simplicité de la construction et du maniement.

La disposition du sol en billons rend l'opération des semis, des hersages, enfin des binages par les instruments beaucoup plus facile. Je me chargerais, avec l'outillage de M. Decrombecque, de faire biner un champ de blé par n'importe quel laboureur de notre Berry, tandis que je regarderais comme impossible de leur mettre entre les mains pour ce travail les grandes houes sarcleuses anglaises, usitées pour le binage des cultures à plat ; voire même si le champ avait été semé convenablement en lignes, ce qui aurait été déjà une première difficulté vaincue.

« Maintenant l'on dit que la culture à plat a atteint le plus fort maximum de rendement, et on en déduit qu'elle doit être par cela même supérieure à toutes les autres. »

Cet argument est peut-être le plus grave qui puisse être fait contre la culture en billons. Mais outre que dans nos pays du centre, je tiens de l'aveu de plusieurs cultivateurs et expérimentateurs que ce mode leur a donné plus qu'à plat, ce qui ne serait concluant que pour les terrains peu riches, je m'appuie pour le recommander sur un autre fait beaucoup plus important et qui doit frapper au moins autant que la possibilité des maxima (idéal malheureusement peu atteint), c'est la constance, l'égalité dans la production.

En constatant que le billonnage lui a rendu presque toujours plus que la culture à plat, M. Decrombecque ne considère pas seulement cette augmentation. Il insiste et revient sans cesse sur un point qui renferme après tout la plus grande solution de l'industrie agricole, c'est qu'il a obtenu par ce nouveau système des récoltes beaucoup plus normales et plus certaines.

En un mot : *Billonner, d'après ses expériences, c'est assurer le succès des récoltes et régulariser la production.*

Est-il rien au-dessus? Si sur des terres, comme celles du Nord qui rapportent 30 hectolitres, il survient des intempéries, souvent il ne reste que 15 à 18 hectolitres ; si la terre n'en rapporte que 15 à 18 ou moins comme dans tant d'autres contrées, et que les mêmes intempéries sévissent, il ne reste rien ou presque rien, comme cela est arrivé cette année sur plusieurs points du Centre.

Ne devons-nous donc pas nous enquérir d'un système qui permet d'espérer, par des améliorations fondamentales, d'égaliser, au moins autant que cela est possible, les résultats?

Oui, la culture en billons doit entrer dans le domaine des grandes questions de l'agriculture générale, et elle mérite, de la part de ceux qui cherchent le progrès, la faveur d'une expérimentation complète et suivie.

Du reste, il est passé en principe que la période d'agriculture par excellence est celle qui par la puissance et par la minutieuse disposition des moyens, par l'abondance et la régularité des récoltes, se rapproche le plus de la culture jardinière. Or, je n'en vois pas qui ait plus évidemment ce caractère que la culture en billons, telle qu'elle est faite à Lens, et cela avec un outillage aussi simple qu'il est complet et avec une remarquable économie de forces et d'engrais.

CHAPITRE SECOND.

L'outillage.

On a fait une réputation formidable à l'outillage de Lens. Les terroristes de l'agriculture croiraient ne pouvoir le comparer avec justesse qu'à un véritable train d'artillerie. C'est qu'à vrai dire, M. Decrombecque, ce grand tourmenteur de terre, comme on l'a si bien nommé, attaque le sol avec l'entrain et l'énergie du soldat; il lui a livré plus d'un combat, il a remporté dans les plaines de Lens plus d'une victoire sur la stérilité!

Effrayant tout d'abord par la multiplicité des pièces qui le constituent, son matériel, quand on le décompose et qu'on l'étudie sans préventions, n'offre plus qu'un ensemble logique de forces admirablement combinées et réellement simple.

Il a aussi un caractère digne d'être apprécié : la manœuvre est aisée; point de ces complications qui surchargent un instrument et embarrassent l'ouvrier. Sa tâche est presque réduite à stimuler plutôt qu'à guider les animaux, qui travaillent en suivant une voie toujours strictement tracée.

Là, se révèle l'idée puissante du maître; là, se matérialise, pour ainsi dire, l'impulsion incessante qu'il donne à ses cultures. Chaque pièce de l'outillage répond à un point de sa méthode toute pratique; aussi, de même que dans une machine, chaque rouage a sa raison d'être, de même chacun des instruments qu'il emploie joue son rôle nécessaire et ne peut être impunément séparé des autres.

Je les passerai donc tous en revue, insistant particulièrement sur ceux que M. Decrombecque regarde comme les plus importants, et dont les cultivateurs qui billonnent ne sauraient trop s'efforcer de tenter l'introduction.

Leur billonnage, en effet, et celui que le désir d'être utile me porte à propager, n'ont de commun que le nom. A eux donc de juger si notre réforme ne leur serait pas avantageuse, à eux d'attaquer au cœur la question et, puisqu'ils ont toujours eu de sérieuses préférences pour le billon, de mettre à l'épreuve la méthode de M. Decrombecque. Il nous semble avoir amené ce genre de culture au plus haut point de perfection.

Pour entrer dans l'économie du système, pour comprendre l'utilité et le bon effet des nombreux instruments que nous allons décrire, il faut se bien pénétrer de la valeur de ce principe : *Que l'ameublissement du sol n'est entièrement bon qu'autant qu'il est suivi d'un tassement au moins égal en intensité.*

Aussi verrons-nous des rouleaux de diverses natures et de diverses puissances suivre les charrues, des chaînes pesantes passer sur le travail des herses.

Ameublir et tasser, voilà le fond, le but de ce déploiement calculé de forces différentes dans leur mode, convergentes dans leur action.

LES BILLONNEURS.

Trois instruments servent à billonner : *le billonneur*, proprement dit (*charrue Howard à double versoir*), la *charrue Valerand* et la *Billonneuse Decrombecque*. Le billonneur sert à exécuter de forts labours, surtout dans un sol habituellement travaillé et ameubli par des façons de toute sorte. Deux ou trois animaux le tirent.

Il ouvre le sillon nouveau au centre de l'ancien billon, où végétait la plante précédente.

Fixé à l'âge et pouvant se tourner à droite et à gauche, un bras de fer soutient le régulateur, tige

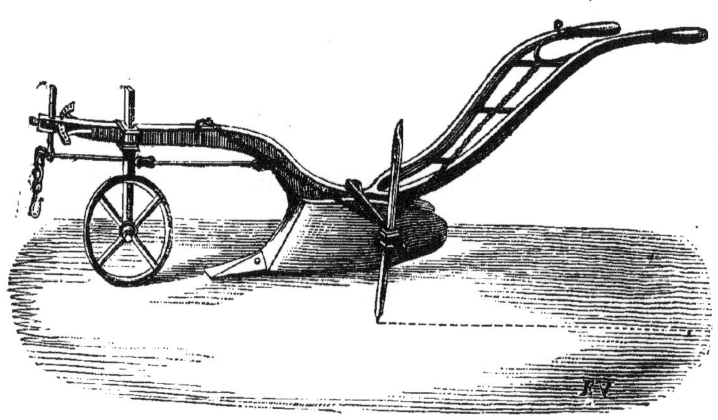

Fig. 1. Billonneur en action.

verticale, qui s'écarte ou se rapproche à volonté et sert à régler la largeur du billon.

Cet instrument est représenté dans la fig. 1, prêt à travailler, c'est-à-dire, muni de la roue simple qui tient lieu de sabot et l'empêche de trop piquer en terre.

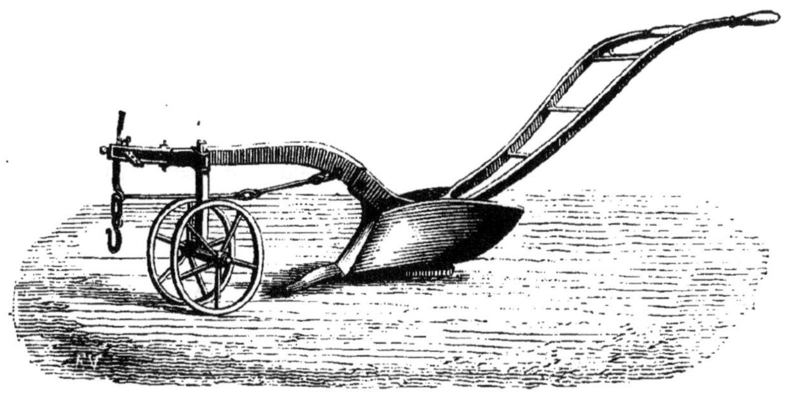

Fig. 2. Billonneur au repos.

Dans la fig. 2, il est au repos avec le petit avant-train à deux roues qui permet de le conduire aux champs et de l'en ramener.

Le billonneur a l'avantage de mêler d'une manière égale toute la terre qu'il remue, c'est-à-dire, que s'il ramène en s'enfonçant, une partie du sous-sol, non encore fertilisée, il la mélange sur toute la hauteur de la couche arable sans jamais culbuter le dessous en dessus et *vice versa*. On sait quelles dépenses d'engrais considérables nécessite l'enrichissement de la terre nouvellement exposée au jour en trop grande quantité.

Dans les sols riches et qui peuvent être approfondis sans inconvénient, le billonneur, malgré toutes ses qualités, est impuissant à donner ces labours qui bouleversent une terre de fond en comble; aussi, tout en l'utilisant dans la plupart des cas, M. Decrombecque y substitue de temps en temps, aux changements de rotation par exemple, la charrue Valerand.

La charrue Valerand est un brabant double très-puissant, à versoirs superposés, qui forme le billon d'un seul coup en relevant et retournant sens dessus dessous une large et épaisse tranche de terre.

Tout le monde connaît et apprécie cet instrument, je ne le décrirai pas davantage. M. Decrombecque a dû, pour l'approprier au billonnage, lui mettre un essieu de 1 mèt. 60 qui, en donnant beaucoup d'écartement aux roues, permette à chacune alternativement de cheminer au fond du sillon précédemment tracé, le long de la tranche sur laquelle va être appliqué le nouvel ados.

La nécessité d'approfondir par moment ses labours n'est pas la seule raison qui l'ait déterminé à adopter cette charrue. Quelque parfaits que soient la construction et le travail du billonneur, cet instrument a un double inconvénient. Il n'ouvre qu'un fond de sillon étroit, où les animaux sont gênés dans leur marche, et il présente, par suite du tassement des deux versoirs contre le sol qu'il fend, une résistance très-considérable.

La charrue Valerand ouvre un large sillon où l'animal circule à l'aise.

En formant les billons, elle attaque toujours le sol comme si elle traçait le premier sillon d'un champ qu'on va labourer. Elle exige en conséquence une grande force de traction; mais en revanche n'entamant que la moitié de la surface pour la rejeter sur l'autre, elle opère dans le même espace de temps un travail double d'un labour ordinaire.

Il existe trois modèles de cette charrue : le petit et le moyen, d'une puissance satisfaisante et d'un prix *ordi-*

naire, ne demandent que quatre et six bœufs; le plus grand, qui fait un hectare par jour, et dont le travail est réellement parfait, nécessite huit à dix bœufs et coûte 450 fr.

D'une traction très-forte comme nous l'avons fait remarquer, puisqu'elle enraie à chaque instant, la défonceuse Valerand ne devait être qu'un instrument de transition. M. Decrombecque en cherchait un autre qui, travaillant comme le billonneur, eût une grande puissance de défoncement et demandât relativement une moindre traction. Il l'a inventé.

C'est une nouvelle charrue billonneuse construite par un habile mécanicien, M. Pol Fondeur, de Viry (Aisne), et qui a été exposée au concours régional d'Arras de 1868.

Muni d'une lame coupante fixée sur l'étançon d'avant et d'un soc triangulaire à la surface duquel viennent s'appliquer deux versoirs longs, étroits, qui fuient en se relevant en arrière comme des ailes, cet instrument entame la terre à $0^m,30$, $0^m,35$ de profondeur et, après l'avoir soulevée un instant, l'abandonne en lui imprimant une poussée analogue à celle d'un homme qui se décharge d'un fardeau.

Grâce à sa construction raisonnée, il est léger en même temps que puissant. (Voir la gravure page 85.)

Il faut six bœufs pour le traîner, et dans les terres fortes on en met huit; mais il est difficile de se faire une idée du travail qu'il exécute. Le bouleversement est au moins égal à celui que produit le passage de la charrue Valerand, et si le labour est fait en bon temps l'ameublissement est peut-être plus complet.

LES ROULEAUX-HÉRISSONS.

Hérisson simple. — Très-long et d'un faible diamètre, ce rouleau est armé dans tout son pourtour de nombreuses et fortes pointes inclinées, enfoncées en spirale. Il est fixé dans un cadre de bois comme ceux qui enveloppent tous les vieux rouleaux. M. Decrombecque le dit si utile qu'il n'a jamais trouvé d'instrument qui puisse le valoir. Un seul animal, cheval ou bœuf, suffit pour le traîner.

Lorsqu'on doit planter à la main et même marcher avec le semoir, sa légèreté et le peu de surface qu'il couvre permettent de l'employer par des temps humides.

Il joue le plus grand rôle dans la culture en billons. Sans cesse on l'utilise pour attaquer et diviser le sol.

Pour apprécier l'effet de cette sorte de herse tournante il faut se faire une idée exacte de l'aspect que présentent les billons de M. Decrombecque et de la façon dont il recouvre la semence avec le billonneur. Dans ce genre de travail, les raies ne sont pas appliquées, serrées l'une contre l'autre, elles sont simplement rapprochées de telle sorte que le centre de l'ados présente une concavité sensible et que le blé se trouve plus enfoui sur les deux bords du billon qu'au milieu.

Le hérisson rabat ces deux bords, diminue l'épaisseur de terre qui recouvre la semence sur ces parties et regarnit le centre, si bien qu'après son passage le billon se trouve élargi par le léger éboulement des bords et nivelé dans le centre. Sa surface devient ainsi parfaitement plane et la couverture de la semence est aussi régularisée que possible.

Rouleau hérisson.

Je ne puis définir plus clairement cette opération qu'en disant qu'elle forme sur chaque billon une petite planche de 0^m,50 environ où végéteront les plantes.

Le hérisson possède à la fois l'action de la herse et du rouleau, sans avoir les inconvénients de l'une et de l'autre; il est inappréciable.

Hersez un billon, vous le déchirez, vous le déformez; roulez-le surtout à l'automne après un semis de céréales, vous risquez de compromettre la levée du grain. Le hérisson divise et tasse en même temps la terre sans l'entraîner, sans la plomber.

Voici les mesures de cet important instrument, elles guideront ceux qui désireront le construire. La longueur totale du cadre est de $2^m,58$ et celle du rouleau de bois de $2^m,40$. Ce rouleau a $0^m,13$ de diamètre. Les dents qui y sont ajustées ont $0^m,15$ de longueur et entrent de $0^m,05$ dans un trou fait préalablement. L'extrémité qu'on enfonce est carrée avec des mâchures pratiquées à coups de ciseau, disposition qui permet de la fixer très-solidement dans le bois. Terminée en forme de bec et légèrement courbée, chacune de ces dents agit avec énergie sur le sol. Elles ont $0^m,02$ de diamètre et sont distantes entre elles de $0^m,11$. Le rouleau en porte 5 rangs disposés en spirale.

Il est souvent très-avantageux pour hâter le travail de donner plus de longueur à l'instrument. Il peut atteindre $3^m,10$ et être encore facilement tiré par un cheval.

Hérisson triple. — Le plus souvent quand le sol n'est pas trop humide, on se sert d'un hérisson triple, c'est-à-dire, comme l'indique la figure, qu'on réunit trois de ces rouleaux armés de pointes en spirale comme le précédent.

On possède alors un rouleau diviseur par excellence, ameublissant les mottes et les engrais qui restent agglomérés sur le sol.

Il peut servir encore à secouer les herbes. Son emploi est multiple : il fait merveille dans la culture à plat comme dans la culture en billons.

Son action comme pression ne peut être mieux comparée qu'au piétinement du mouton dont on se

Rouleau hérisson triple.

sert quelquefois pour tasser une céréale qui ne l'est

pas assez. En reculant, il fait à peu près l'effet de la patte de cet animal.

Quand la terre est sèche on fait passer cet instrument sur les billons avant le semoir.

Comme le hérisson simple, on l'emploie aussi sur les céréales semées en billons, pour aplanir et diviser la surface. Il faut deux animaux pour le conduire. La longueur totale du cadre est de 2m58 et la largeur de 1m,80. Les rouleaux d'un centre à l'autre sont espacés de 0m,52.

LE SEMOIR POUR BILLONS.

C'est un instrument tout spécial.

Il repose sur deux rouleaux de fonte concaves qui s'emboîtent sur les billons comme les roues d'un vagon sur les rails. Mobiles sur leur axe, ces rouleaux sont un guide infaillible ; s'ils subissent une déviation par un mouvement du cheval, ils se replacent d'eux-mêmes, de sorte que la semence qui, enlevée par des cuillères, tombe dans la trémie à travers des tuyaux en caoutchouc et de larges entonnoirs, où on la voit passer, est déposée toujours sur le sommet du billon.

Rattachées à l'axe par des tiges de fer coudées, deux petites rouelles dentelées sont fixées derrière chacun des conduits à graines; elles servent à les recouvrir en même temps qu'elles sont un point d'appui pour régler la profondeur à laquelle on veut les déposer. Un nou-

Semoir pour billons.

veau système très-simple, à chaînes, permet de relever ou d'abaisser d'un seul coup les petits disques.

Avec ses rouleaux qui affermissent le sol, ses larges socs qui entrent peu dans la terre, ce semoir assure la parfaite levée des betteraves. En effet, on doit à peine les recouvrir, ou à la moindre résistance qu'elles rencontrent, elles font le tire-bouchon, et contractent un vice originaire très-nuisible à une bonne venue.

Il convient de l'employer pour toutes les graines fines, telles que colzas, navets, qui craignent d'être enfouies trop profondément. On supprime alors les entonnoirs, puis on fixe aux tuyaux de petites plaques de zinc triangulaires creusées de rainures et qui régularisent la répartition des graines.

M. Decrombecque se propose de l'employer pour l'ensemencement des luzernes et des trèfles.

Il pourrait servir aussi à répandre les engrais pulvérisés : guano, tourteaux, etc.

Mais assurément ce qui fait le plus grand mérite de cet instrument, c'est qu'une fois engagé sur les billons, il marche pour ainsi dire seul. Tandis que les autres semoirs nécessitent toujours la présence de deux personnes attentives, celui-ci n'en demande jamais qu'une, dont la plus grande occupation consiste à veiller à ce que le grain ne manque pas.

ROULEAU MOBILE EN FONTE.

Il est formé le plus souvent par la réunion de trois rouleaux courts, creux à l'intérieur et ayant à chaque extrémité un moyeu soutenu par trois rais. Le diamètre du trou central est triple environ du diamètre de l'axe sur lequel tournent les rouleaux, de manière qu'ils oscillent en se prêtant à toutes les inégalités du sol.

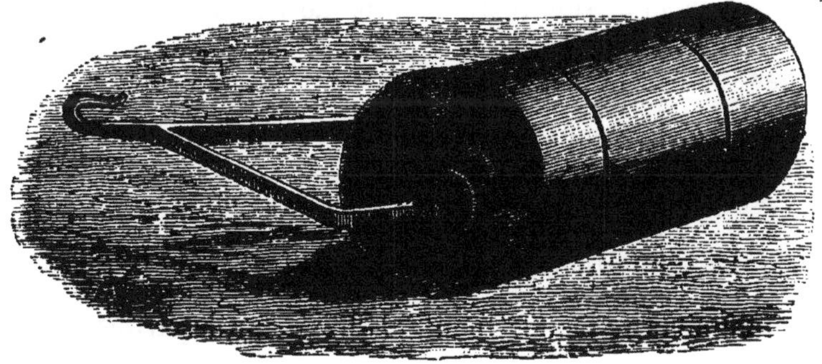

Rouleau mobile en fonte.

Ce rouleau est d'une grande utilité pour la culture

en billons, parce qu'il leur conserve leur forme tout en les comprimant.

On peut le faire fonctionner par un temps humide, car, grâce à sa mobilité, les disques se dégarnissent au fur et à mesure de la terre adhérente.

On l'emploie pour resserrer le sol des champs où se trouvent semées les betteraves.

Dans les défrichements de bois où souvent le terrain est fort inégal à l'endroit de l'enlèvement des souches d'arbres, sa construction permet de comprimer les sinuosités et le rend très-utile. Divisé en plusieurs parties, il a, en outre, l'avantage, lorsqu'on retourne à l'extrémité du champ, de ne point ramasser la terre.

Trois animaux sont nécessaires pour le traîner sans fatigue, lorsqu'il a de grandes dimensions.

Le diamètre du rouleau de fonte est de $0^{m},60$, sa longueur de $1^{m},60$. Quant à la longueur des parties qui le constituent, elle varie avec leur nombre. L'axe a un diamètre de $0^{m},06$ seulement, tandis que le diamètre du trou où il passe est de $0^{m},16$.

ROULEAU EN TÔLE HOWARD.

Ce rouleau fort précieux est muni à l'intérieur d'une sorte de réservoir. En le remplissant plus ou moins d'eau, on augmente ou diminue le poids de l'instrument. Il tasse en aplanissant et ne déplace pas la semence qui est déposée sur le sommet du billon.

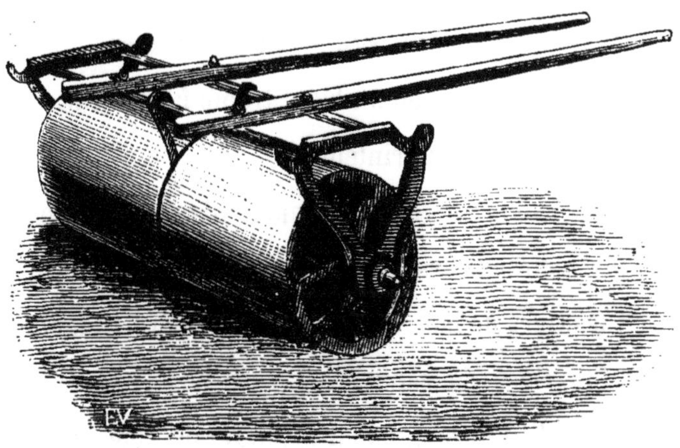

Rouleau en tôle Howard.

Ce rouleau a 0m,60 de diamètre; sa longueur totale est de 2m,20 et celle de chacune des parties de 1m,08. Comme dans le rouleau de fonte le diamètre de l'axe est de 0m,04, c'est-à-dire moindre que l'ouverture où il passe.

La moindre butte, la moindre pierre qui s'interpose entre le rouleau plat et le sol lui ôte toute son action; les rouleaux à cannelure agissent toujours.

M. Decrombecque les regarde comme d'un tel effet qu'il en a de toutes forces et de toutes grandeurs, en bois et en fonte.

Rouleau cannelé en bois. — Cet instrument, très-léger, qu'un cheval ou un bœuf traîne facilement, est employé surtout au printemps.

Il est composé essentiellement d'un axe, autour duquel tournent des roues légères en fonte qui portent les tiges de bois transversales formant cannelures. Ces tiges ou cannelures, vues par leur coupe, présentent un triangle dont le plus grand côté, revêtu d'une plaque de tôle, est celui-là même qui agit sur les plantes et sur le sol.

Plus on développe le diamètre de ce genre de rouleaux, plus ils font d'ouvrage et moins ils offrent de tirage.

Le dernier construit à Lens couvrait quatre billons

à la fois et avait 1m30 de haut. Divisé en deux parties,

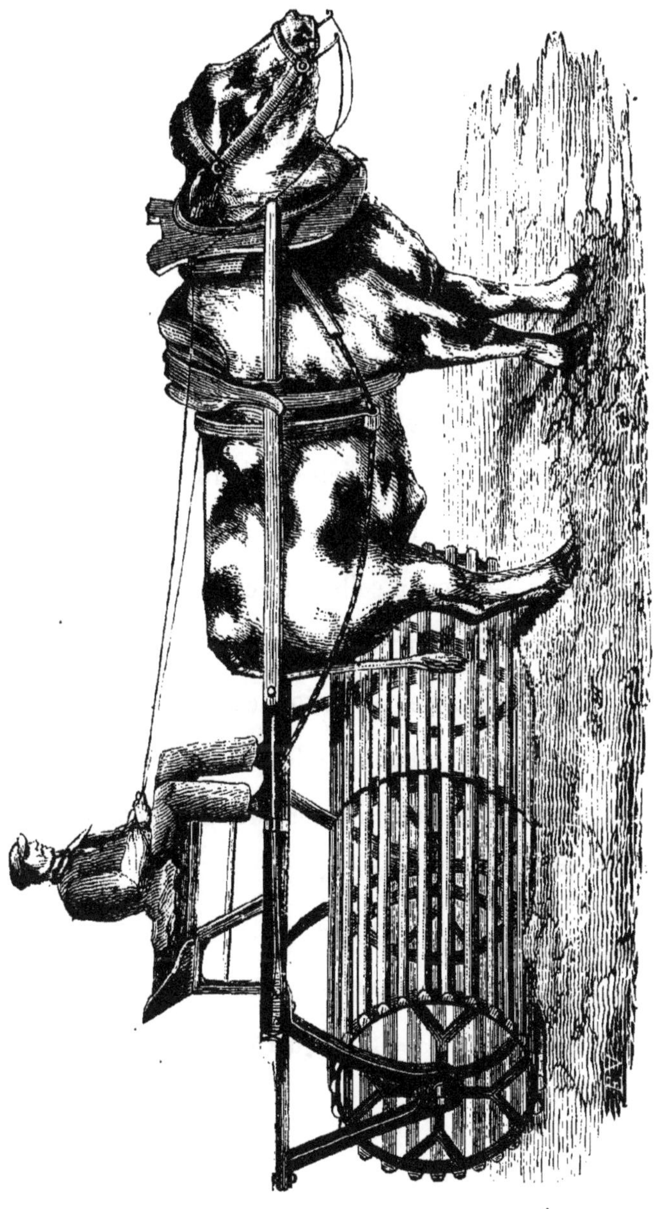

il travaillait mieux et se prêtait aussi beaucoup mieux aux exigences du sol que s'il avait été d'une pièce. Pour la pratique ordinaire, ces instruments peuvent être construits dans des proportions moindres. Alors on donne au cadre de bois sur lequel est placé le siége du conducteur, 2^{m},92 de longueur sur 0^{m},64 de largeur. On développe de 0^{m},80 le diamètre du rouleau dont chacune des deux parties a 1^{m},26 de longueur. Les cannelures sont hautes de 0^{m},025 et larges de 0^{m},05.

Ce rouleau a la propriété de plomber légèrement les récoltes en inclinant les tiges ; il refoule ainsi par instant la séve dans le collet et les racines de la plante qui s'en trouve fortifiée. Il écrase, en outre, les mottes, pare, agence et perfectionne la surface du sol, par un travail qui réalise tous les bons effets du piétinement pratiqué dans le nord de la France quand la main-d'œuvre ne manquait point.

A cause de sa légèreté, il est utile, quand on le peut, de le faire passer et repasser au même endroit; aussi le promène-t-on jusqu'à trois et quatre fois sur toutes les céréales et sur les betteraves.

Il détruit et dépiste les insectes et n'a pas l'inconvénient des rouleaux ordinaires qui rendent la terre unie et plombée, ce qui entrave la végétation en empêchant la plante de respirer. Il laisse la surface rayonnée, gaufrée pour ainsi dire, et par cela même plus pénétrable aux agents atmosphériques, plus perméable à l'eau.

Ce travail est peu dispendieux et paraît aider à une parfaite grenaison. Il met les racines et le collet des plantes dans un milieu solide, et vraiment il n'y a que les piétinements qui puissent le remplacer.

Le rouleau cannelé est passé avec profit sur les céréales quelques jours après leurs semis. Il est rare que la température n'en permette pas l'emploi.

ROULEAU CANNELÉ EN FONTE.

Construit comme le précédent avec cette différence que les cannelures sont en fonte comme les roues, cet instrument est d'une plus grande puissance de tassement. Il équivaut au croskill et lui est même supérieur dans plus d'un cas.

Tous deux ont la même valeur et la même action dans les terres en labour; mais lorsqu'il s'agit de rouler des plantes, leur action diffère. Le rouleau cannelé, tout en les tassant, ne les blesse point, il les courbe et refoule la séve, tandis que le croskill avec ses rouelles dentelées, écrase et brise le végétal.

On se sert du cannelé de fonte pour toutes les plantes quand les terres, assez ressuyées, réclament un fort tassement. Il laisse la surface inégale, il fertilise

Rouleau cannelé en fonte.

la terre, et plus énergiquement encore que le cannelé en bois, il détruit ces nombreux petits insectes qui déconcertent trop souvent l'agriculteur en même temps qu'ils le ruinent.

La longueur de ce rouleau est de 2^{m},10, son diamètre de 0^{m},80 ; le diamètre de l'essieu a 0^{m},06, tandis que l'ouverture où il tourne en a 0^{m},12. Chaque cannelure est fixée à la distance de 0^{m},15, elle a 0^{m},06 de hauteur et 0^{m},10 de largeur.

BILLONNEUR DÉMONTÉ, MUNI DE RAZETTES.

Avec la même charrue qui sert à former le billon, on arrive à le cultiver au moyen de razettes qu'on

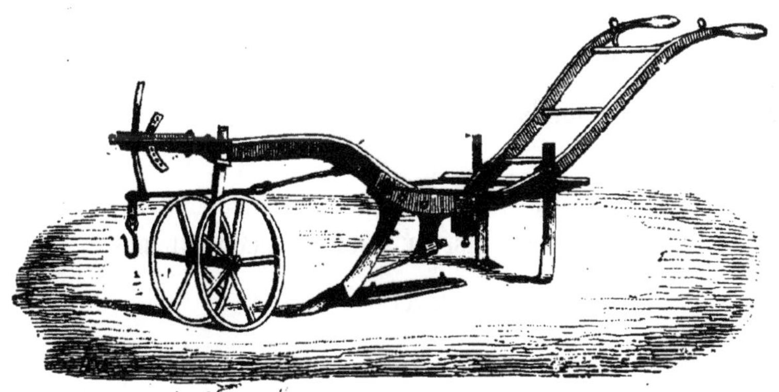

Billonneur démonté et muni de razettes.

adapte à la place des versoirs et qui atteignent parfaitement ce but. Ainsi muni de ces sarcleuses *ad hoc*, le billonneur fait l'office d'une houe à cheval. On y attelle un ou deux animaux suivant la profondeur que l'on donne au travail. Comme le soc est très-puissant, on a soin de faire passer cet instrument de bonne heure, afin qu'il ne blesse pas les racines. Il a aussi un autre but : il défonce et ouvre le sous-sol de telle façon que, dans les terres humides, en le faisant travailler profondément, on crée au-dessous du fond des billons, une sorte de rigole d'écoulement qui permet à la couche arable de s'assécher plus vite.

On comprend que tandis que la pointe pénètre ainsi le sol, les razettes ameublissent et nettoient les versants des fonds.

BILLONNEUR DISPOSÉ POUR L'ARRACHAGE DES BETTERAVES.

En enlevant les deux versoirs et remplaçant le corps de charrue ordinaire par un autre plus élevé, on établit une plus grande distance entre le soc et l'age, obtenant ainsi un outil parfait pour l'arrachage des betteraves.

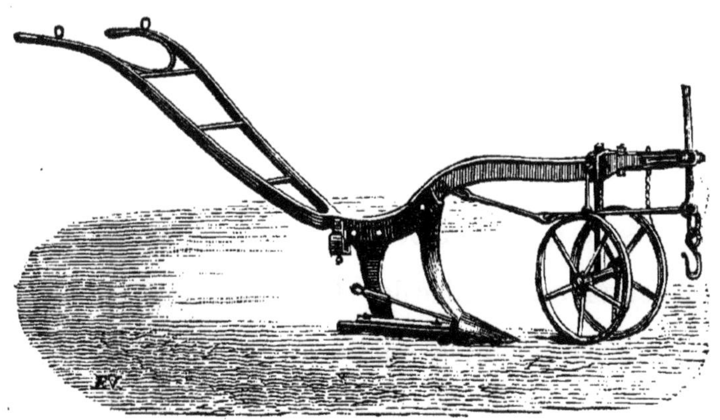

Billonneur pour l'arrachage des betteraves.

Le travail en est très-économique sous le rapport de la main-d'œuvre. Il est rapide, qualité précieuse quand on est menacé des gelées, et il tient lieu en outre d'un labour pour la récolte suivante.

Il faut deux bœufs ou deux chevaux pour opérer cet arrachage sur une terre cultivée en billons, il en faudrait trois pour déraciner des betteraves semées à plat.

HERSE SARCLEUSE HOWARD POUR LA CULTURE EN BILLONS.

Cet instrument est d'une très-grande économie pour le sarclage des betteraves, du colza, etc. Il herse les versants de deux billons à la fois ; se rapprochant autant qu'il est possible des plantes par la disposition de ses dents, il cultive le tiers de la surface du terrain ensemencé et laisse seulement le sommet du billon à soigner par la main de l'ouvrier.

Avec cette herse, qu'un seul animal met en mouvement, on peut ameublir et façonner aussi longtemps que le demande la plante, les entre-deux des billons, c'est-à-dire entretenir la superficie du sol dans les conditions les meilleures pour favoriser la végétation.

Après les pluies elle sert à renouveler la surface du sol et à l'écroûter. Elle aide puissamment à la destruction des insectes.

Pouvant s'étendre et se resserrer suivant l'épaisseur

et l'écartement des plantes, elle atteint toutes les

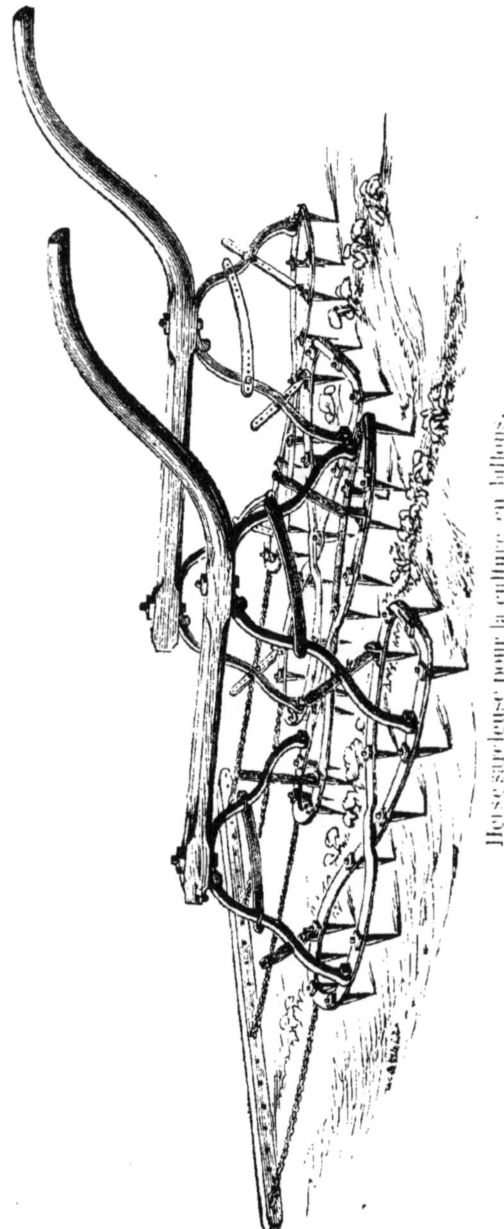

Herse sarcleuse pour la culture en billons.

inégalités du sol, et, surtout, elle épouse très-bien la forme du billon.

Chacun des corps de cette herse a $1^{m},25$ de long et $0^{m},18$ environ au point du plus grand écartement des branches. Ils sont distants de $0^{m},30$ à $0^{m},35$ l'un de l'autre. — L'élévation des arcs qui soutiennent les mancherons est de $0^{m},50$. Les dents sont fixées à l'aide de boulons dans les traverses de l'instrument, elles ont $0^{m},15$. On a soin de les faire pointues des deux bouts pour les retourner après l'usure.

HERSE POUR FAIRE MARCHER DANS LE FOND DES BILLONS DES CÉRÉALES.

Traîné par un bœuf ou un cheval, cet excellent instrument est une modification de la herse sarcleuse de Howard. — Il est spécial pour les céréales. — Remarquant qu'avec celle-ci il arrivait à très-bien nettoyer d'herbes les versants des billons, mais que la partie centrale l'était mal, M. Decrombecque eut l'idée de ne conserver que trois des quatre corps de herse, et de fixer sur celui du milieu les quatre bras de fer qui soutiennent les mancherons.

Il donna ensuite une certaine raideur à l'instrument et il le fit circuler dans les fonds qu'il travaille très-énergiquement.

Cette petite herse complète, avec les chaînes, l'outillage de la culture en billons. Son travail, qui s'opère sur le tiers de la surface emblavée, fertilise les plantes parce que les agents atmosphériques

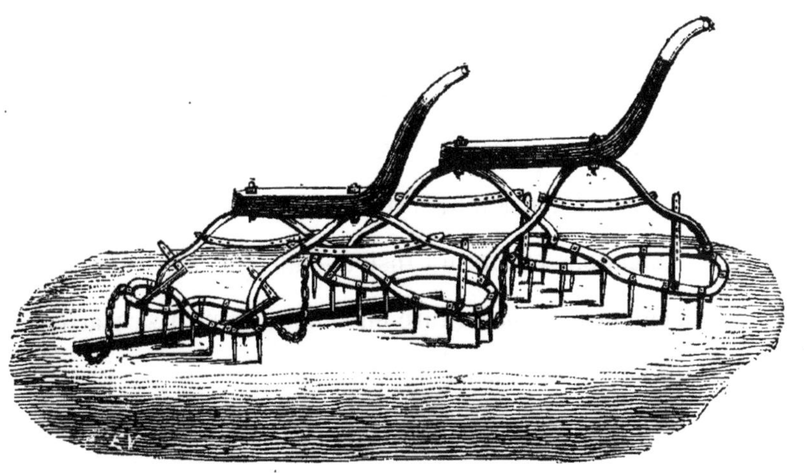

Herse pour faire marcher dans le fond des billons de céréales.

pénètrent dans l'espace remué et sont d'un grand bienfait pour les racines, qui viennent s'y nourrir d'une manière étonnante.

HERSE POUR LUZERNE EN LIGNES.

Toujours d'après ce principe que les plantes qui ont la place d'étendre leurs racines dans le sol et leurs tiges dans l'air, se développent plus vigoureusement, les luzernes à Lens sont semées en lignes espacées de 0,30 c., et la herse, qui sert à purger les céréales en billons des herbes parasites, vient d'être très-heureusement appliquée à la culture de cette plante fourragère. Or, on sait que si les luzernières durent si peu c'est que la plupart du temps on les laisse envahir par toutes sortes d'herbes.

Voici donc encore un instrument, qui, acheté spécialement pour la culture en billons, aurait sa place dans la culture à plat.

TRAIN LIMONIÈRE AVEC SES CHAÎNES.

Deux roues reliées par un essieu, surmonté lui-même d'une petite plate-forme à laquelle s'accrochent des chaînes traînantes constituent ce remarquable instrument, tout entier de l'invention de M. Decrombecque.

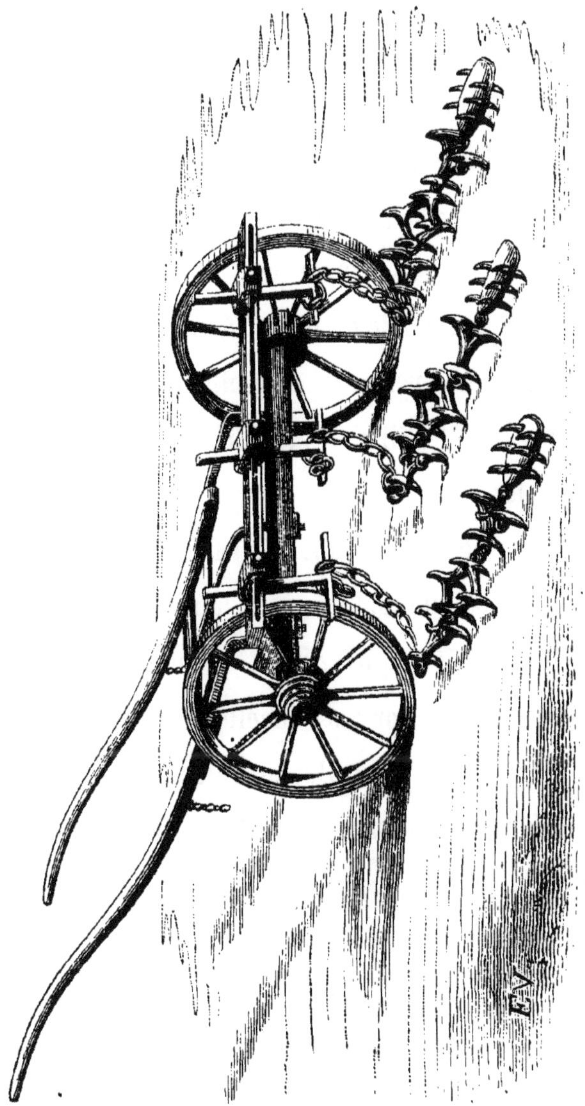

Train limonière avec ses chaînes.

Un cheval ou un bœuf suffit pour le manœuvrer. Il est spécial à la culture en billons. Chacune des chaînes qui est destinée à circuler entre les billons est formée de plusieurs anneaux ou trépieds de fonte armés de dents. Elle se termine par une poire également de fonte et dentée. Par la friction énergique qu'elle opère sur le sol, elle nettoie et débarrasse le fond ainsi que les deux versants des billons, des mauvaises herbes; elle fertilise et tasse la terre. Ses effets sont multiples.

La chaîne en cultivant la surface respecte toujours la plante, ce que ne font point la razette à main ni la sarcleuse mécanique. Aussi, quand le fond des billons est envahi par les radicelles, on brise la surface sans briser ces radicelles et on tasse la terre autour d'elles, ce qui est très-utile. Si on blessait la plante, on provoquerait une nouvelle végétation aux dépens du fruit.

Cet instrument joue un grand rôle pour fertiliser, féconder les plantes au point de vue de leur conservation et de leur grenaison. Entre autres avantages, il combat les insectes que les cultures précédentes n'ont pas détruits.

La plate-forme que supporte l'essieu a $1^m,30$ de longueur sur $0^m,50$ de largeur; elle sert à relever les chaînes quand on arrive à l'extrémité des champs afin de ne pas abîmer les plantes en tournant. Quand on vient de la ferme ou qu'on y retourne, on y place encore les chaînes pour ne les point briser. En arrière de cette plate-forme est fixée une coulisse en fer longue de $1^m,80$ sur laquelle glissent en s'écartant à volonté trois tiges de fer terminées en T et destinées à maintenir dans le fond des billons les chaînes qu'on y accroche. — Ces tiges ont $0^m,45$, et les chaînes se développent sur une longueur de $1^m,20$ environ. Selon le degré de tassement qu'on veut imprimer au sol et selon les intempéries des saisons, on emploie des chaînes de diverses grosseurs. On les double même. On varie également les trains, dont les roues de plus en plus hautes permettent de travailler les champs à mesure des progrès de la végétation.

Quant à la forme des chaînons, on comprend qu'ils

soient susceptibles de toutes les modifications. Les plus ordinairement employés en fonte et armés sont de dents, ils ont 0m,17 de développement.

Il en est d'autres en fer d'une forme carrée très-régulière; ils s'enfilent les uns dans les autres et agissent par leurs angles. Ces chaînons ont 0m,15 en dehors et 0m,12 en dedans.

On en a construit aussi, qui, au lieu d'avoir des dents en fonte faisant corps avec l'anneau, sont percés de trous dans lesquels on fixe des dents de fer. Outre que ces dents sont plus énergiques et déchirent mieux le sol, elles ne se cassent point comme celles de fonte ; elles peuvent s'aiguiser, et enfin on les remplace à mesure de leur usure, sans changer pour cela les anneaux.

HERSE HOWARD TRIPLÉE.

Cette herse chaîne est composée d'une série de trépieds en fonte, aux dents soigneusement trempées, qui sont reliés entre eux par des anneaux d'acier. Rien de plus simple. Si quelque partie de l'instrument se brise, il suffit de quelques trépieds et chaînons en réserve pour le réparer.

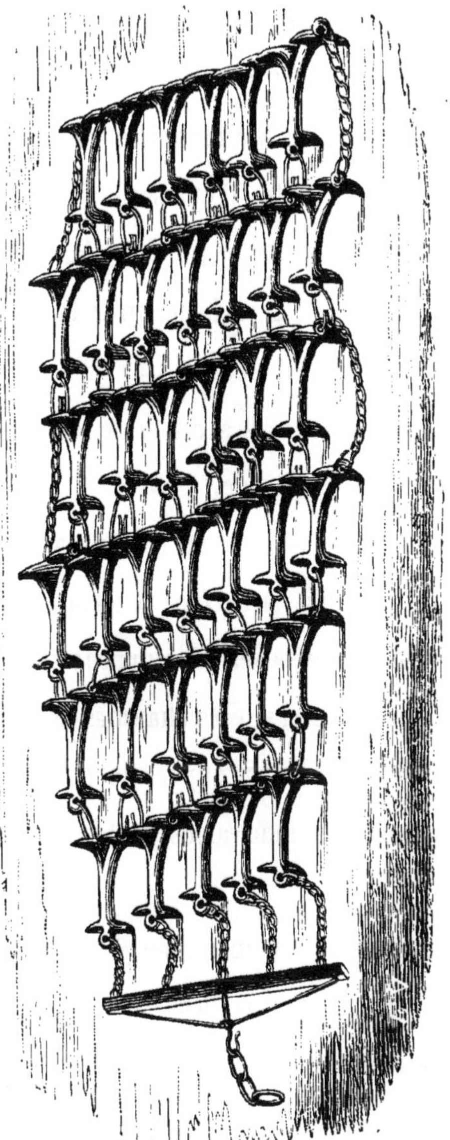

Herse Howard triplée.

M. Decrombecque l'a modifié en ce sens qu'il en a triplé l'énergie en triplant la grandeur et le poids des parties qui le constituent.

Chacune des trois branches des trépieds ont $0^m,20$ de longueur et $0^m,03$ d'épaisseur; la longueur des dents est d'un côté de $0^m,07$ et de l'autre côté $0^m,04$.

La herse triplée sert à déchirer la surface de la terre durcie par la sécheresse; elle arrache, culbute et secoue entre ses anneaux les herbes qui se trouvent sur son passage.

Lors de la semaille, si on la fait passer sur le labour, elle ameublit la surface et termine les façons à donner avant de déposer la semence; après la récolte enlevée, on s'en sert sur les chaumes de toute espèce, pour donner un hersage superficiel qui accélère et facilite la levée des mauvaises herbes égrenées sur le sol.

Cet instrument est encore employé avec avantage dans les hersages de luzernes.

Il couvre en travaillant un carré de $2^m,40$ environ de côté.

Comme conclusion pratique de cette nomenclature descriptive, je conseillerai à ceux qui voudront faire des essais de billonnage de se procurer tout d'abord les cinq instruments suivants d'une absolue nécessité : *le billonneur*, *le rouleau hérisson*, *le rouleau cannelé*, *la herse sarcleuse et le train limonière avec ses chaînes.*

Au reste, quand même la tentative ne couronnerait pas leurs espérances, le billonneur leur servirait toujours pour les betteraves, que beaucoup s'accordent à cultiver sur ados, et pour le buttage des pommes de terre; le rouleau cannelé travaillerait, avec autant de raison d'être, à plat que sur les billons; la herse sarcleuse s'utiliserait pour le sarclage des luzernes cultivées en lignes avec tant de profit. Quant au rouleau hérisson et au train limonière, qui semblent plus particuliers au billonnage, ils rendraient d'inestimables services : le premier, pour l'ameublissement du sol avant et après la semaille; le second, pour le sarclage de toutes les récoltes jachères : pommes de terres, bètteraves, etc., et pour les déchaumages.

Ainsi, ces instruments, qui ont tout pour eux :

simplicité, puissance, solidité, maniement facile, bien loin d'être pour leurs introducteurs une dépense improductive, ne pourront que leur être de la plus grande utilité, en même temps qu'ils leur donneront l'idée de transformations fécondes.

Autant, en effet, l'apparition de quelque chef-d'œuvre de complication et d'impéritie pratique arrête le progrès, en ôtant pour longtemps aux cultivateurs le goût des nouveautés et en les ramenant à un ancien outillage que leur bon sens juge supérieur, autant la vue d'instruments ingénieux et simples est pour eux comme une révélation et les jette d'un coup hors de l'ornière dont ils n'osaient sortir.

Doués d'une grande habileté d'exécution et souvent de beaucoup d'observation, il arrive qu'alors ils poussent l'idée jusqu'à ses limites, et donnant à l'invention tout son développement pratique, ils font faire un grand pas à l'agriculture améliorante.

Je m'étonnerais qu'un praticien, admis à voir fonctionner, chacun en leur temps et saison, les instruments de M. Decrombecque, n'emportât pas de leur travail une admiration qui, si elle n'assurait pas le triomphe des méthodes de Lens, en assurerait au moins l'essai. Or, ce sont des expériences consciencieusement faites qui peuvent seules dire ce que ces méthodes valent. M. Decrombecque leur doit sa réussite; et il l'affirme, pour que d'autres réussissent comme lui, mieux que lui-même s'il est possible.

Charrue billonneuse inventée par M. Decrombecque.

CHAPITRE TROISIÈME.

L'étude des instruments nous amène à l'étude de la culture.

Entrons donc dans le champ. C'est là que M. Decrombecque appelle ceux qui entrevoient l'immense parti qu'on peut tirer de sa méthode et ceux surtout qui en mettent en doute la valeur. Nous savons comment le billonnage, bien compris et bien exécuté, favorise, en la régularisant, l'action nécessaire de l'air, de l'eau, de la chaleur et de la lumière sur les plantes. Ces avantages, ainsi que beaucoup d'autres, vont ressortir de l'aperçu pratique dans lequel je vais passer en revue les opérations en vigueur à Lens, et leurs résultats.

L'assolement, comme celui de toutes les cultures intensives, est variable; mais il peut se résumer dans cette succession : betteraves, blé, betteraves, blé, ou escourgeon, ou avoine. L'introduction de ces deux dernières céréales sert à alléger la sole qu'un retour trop fréquent du blé fatiguerait et, d'un autre côté, des cultures dérobées de fourrages destinés à l'enfouissement rafraîchissent la terre. Les colzas se substituent, sur plusieurs champs, aux racines. Ainsi, les betteraves ouvrent l'assolement et remplacent la jachère des sols pauvres; but qu'une agriculture arriérée doit, selon M. Decrombecque, chercher à atteindre par tous les moyens, persuadé qu'il est que peu de terrains sont complétement impropres à la betterave, et que, de son entrée dans l'assolement d'un pays, soit pour la nourriture des animaux, soit pour la fabrication industrielle, dépend le progrès agricole à venir de ce pays.

CULTURE DES BETTERAVES.

Le champ qui doit porter des betteraves, et qui, presque toujours, vient de produire une céréale, blé, escourgeon ou avoine, reçoit après la récolte :

1° Un déchaumage. On n'emploie ordinairement pour cette opération ni charrues, ni scarificateurs qui enfouiraient les graines d'herbes trop profondément et les empêcheraient de lever, mais la herse triplée de Howard, aux gros trépieds de fer, munis de dents. On y fixe un palonnier, et trois chevaux ou trois bœufs la tirent. Le sol est déchiré, brisé, frictionné ; les graines des plantes parasites, enfouies très-légèrement, lèvent ; les insectes, cernés dans leurs trous, périssent, et l'humidité est conservée par l'ameublissement.

Ce travail, comme tous les autres, se fait dans le sens du billon, jamais en travers.

2° On fume sans labour préalable. M. Decrombecque ne répand à l'automne que des fumures peu abondantes, se réservant de distribuer plus tard l'engrais à la plante à mesure, et dans les quantités qu'il juge nécessaires, comme nous l'exposerons au chapitre des fumiers.

3° Après avoir fumé, on relève la terre en forts billons pour l'exposer, avant l'hiver, à tous les agents de l'atmosphère qui ne tardent pas à la pénétrer profondément. M. Decrombecque faisait cette opération avec le billonneur Howard, très-excellent et très-parfait instrument du reste, qu'on ne saurait trop conseiller pour remplacer le pauvre araire des contrées où l'on billonne. Mais témoin d'une part de la gêne où se trouvaient conducteurs et animaux pour marcher dans le fond étroit des sillons, et de la traction considérable nécessitée par le billonneur, qui serre la terre à droite et à gauche ; frappé d'autre part de l'avantage qu'il y a à retourner de plus en plus fortement le sol, à l'approfondir, pour profiter des facultés vivifiantes de toute sa couche, il a été amené à employer la charrue Valerand. Nous avons vu comment il dut la modifier en exhaussant les roues et en allongeant l'essieu. Avec cet instrument, on pique un peu à gauche de l'ancien billon, et l'on retourne sur l'ancien fond une tranche de terre de 30 centimètres de largeur sur 20, 25, 30 centimètres de profondeur qui, d'un seul coup, forme le billon.

Quoique excellent, le travail n'était pas parfait il demandait encore trop de traction. M. Decrombecque inventa alors sa défonceuse-billonneuse, qui tient du billonneur par sa construction et son action, de la défonceuse par sa puissance et qui, si elle demande six et quelquefois huit animaux, n'exige d'eux qu'une dépense de force ordinaire.

Que l'on emploie cette billonneuse ou la charrue Valerand, remarquons bien que la partie inférieure du sol où ira s'enfoncer la betterave n'a pas été entamée. Tandis qu'on cherche à faire pénétrer la superficie par l'air, les brouillards, les neiges, les gelées, à la pourrir en un mot, on laisse toute solidité à la partie interne. Le champ ne reçoit, il est vrai, comme on l'a remarqué, qu'un labour en crémaillère; mais les creux de la crémaillère sont larges, profonds et, à chaque changement de culture, les dents en prennent la place de telle sorte qu'en deux ans le défoncement est complet.

On doit considérer cette pratique comme une des bases fondamentales de la culture perfectionnée de Lens. M. Decrombecque tient à ce que la terre, où la plante doit végéter, frictionnée, ameublie à la surface, reste ferme, presque dure à l'intérieur.

Ce principe tout particulier à M. Decrombecque, a étonné quelques cultivateurs qui ne s'en expliquent pas l'avantage. Pour moi, je me souviens d'un fait dont ils auront été eux-mêmes certainement frappés et qui me convainc de l'excellence du conseil. — N'avez-vous point remarqué que, dans les planches faites avec une charrue simple, la portion du sol, où viennent s'adosser les deux premières tranches soulevées par l'instrument, n'est pas attaquée, et que c'est précisément ce point dont la couche inférieure est restée solide qui produit le plus?

Ce fait conclut au billonnage, puisque le centre de la planche, par les relèvements de terre qui y sont faits et qui s'accusent par une recrudescence de fécondité, constitue un véritable billon.

Ignorant l'importance que M. Decrombecque attache à la conservation de la fermeté interne du sol, on a fait erreur à propos d'une opération qu'il exécute une ou plusieurs fois au printemps sur ses terres, selon que le temps le permet.

C'est 4° le démontage et remontage des billons. Ce double travail, qui a pour but de solidifier le sol tout en l'ameublissant, d'y détruire herbes et insectes, ne consiste pas, comme on pourrait le croire, à couper le billon par le milieu avec la charrue, pour le refaire ensuite. C'est une friction profonde donnée à la terre dans le sens des billons, avec le rouleau hérisson d'abord dont les pointes en spirale saisissent, divisent et pulvérisent les mottes, avec les herses si connues de Howard, avec les chaînes dont nous avons déjà parlé, avec le Croskill, etc., etc.; en un mot, par tous ces instruments à la fois, s'il y a lieu, ou par l'un ou l'autre seulement, suivant le temps. Oui, *toujours suivant le temps.* Il est évident qu'on ne peut donner ici aucune règle fixe; c'est à l'intelligence de l'agriculteur de varier ses moyens avec sa situation.

On remonte ensuite le billon en faisant passer le billonneur Howard dans les sillons aux trois quarts remplis, parce qu'il faut, je le répète encore, laisser au billon où l'on va semer toute sa solidité interne. On ne le fend, ce qui se fait alors profondément, qu'au changement de récoltes où le billon prend la place du sillon. Souvent on peut se contenter de simples hersages, après lesquels on remonte les billons.

5° Après le remontage, à l'aide du rouleau-hérisson simple ou triple, suivant que la terre est plus ou moins humide, on nivelle la crête du billon et on y constitue une sorte de plateau où végétera la plante.

Tandis que le rouleau-hérisson simple ne nécessite qu'un cheval il en faut deux pour le hérisson triple; mais il donne, grâce à son poids et au grand nombre de ses dents, un ameublissement plus parfait, plus profond.

6° On sème.

Cette opération, qu'il faut, autant que possible, exécuter dans un milieu ferme et humide, peut s'effectuer de deux manières. Le plus ordinairement, on se sert du semoir très-simple, à cuillères et à tuyaux distributeurs en caoutchouc, que nous avons représenté, reposant sur deux rouleaux de fonte qui s'emboîtent sur les billons comme les roues d'un wagon sur les rails. Il laisse, après son passage, la terre roulée en même temps que semée, et la graine, fortement unie au sol, lève et se développe d'autant mieux.

Si l'on n'a pas de semoir ou si le temps est trop pluvieux pour permettre de s'en servir, on avise à un autre moyen.

Parmi l'excellent outillage de Lens, il a été décrit plusieurs spécimens d'un instrument variant en grandeur ou en nature : c'est le rouleau cannelé, rouleau creux dont rien ne donne mieux l'idée qu'un batteur de machine à séparer les grains, dont on aurait multiplié les battes. Seulement, tantôt la carcasse et les tiges qui forment les cannelures sont entièrement en fonte, tantôt la carcasse seule est en fonte et les tiges en bois.

Eh bien ! prenons un de ces rouleaux, ou, si nous n'en avons pas, servons-nous d'un rouleau ordinaire sur lequel nous aurons cloué, à 20 centimètres environ les unes des autres, des tiges transversales, triangulaires comme les battes d'une machine.

En faisant marcher cet instrument, qui, par sa largeur, pourra passer sur trois billons à la fois, nous avons fait un creux tous les 20 centimètres, où des femmes viennent déposer la semence en évitant de trop l'enfoncer. La plantation d'un hectare ainsi faite ne revient pas à plus de 10 fr., et les résultats en sont excellents; car la graine, peu enfouie, et qui préalablement passe quarante-huit heures dans l'eau faiblement acidulée, lève avec égalité et vite.

7° Aussitôt le semis fait, on roule si l'on peut avec un rouleau en fonte mobile ou un rouleau cannelé, suivant qu'il fait sec ou que le sol renferme encore un peu d'humidité, ou avec le rouleau du pays, pour donner le tassement nécessaire, qu'il ne faut pas oublier; car, plus on remue le sol, plus il faut le tasser. Quand on n'a pas pu rouler au moment, on le fait dès que cela devient possible.

Ce nouvel écrasement achève de raffermir le milieu où va germer la betterave : elle s'y enfonce alors et présente un pivot parfaitement vertical. M. Decrombecque a remarqué, au contraire, que dans les champs cultivés à plat où le passage du rouleau exerce nécessairement une moindre pression que sur les surfaces bombées de l'ados, la plante mal assise se contourne et se déforme.

N'est-ce pas d'ailleurs en serrant l'arbrisseau contre

un tuteur qu'on arrive à lui donner une bonne direction. Je trouve même la preuve du bon effet de cette pression, que rencontrent autour d'eux à leur naissance les jeunes plants, dans les précautions que l'on prend d'emprisonner la taille des enfants lorsqu'on en craint la déformation.

Betteraves de M. Decrombecque au 15 mai, au tiers de grandeur.

J'ai recueilli le 15 mai de petites betteraves dans les champs de M. Decrombecque, et d'autres chez un de ses voisins. Les gravures ci-jointes en donnent la reproduction exacte, réduite à la proportion du tiers de leur grandeur.

Betteraves du champ voisin au 15 mai, au tiers de grandeur.

8° On donne la première et la plus profonde des cultures de l'entre-billon avec la charrue Howard, dépouillée de ses versoirs et montée en bineur. Il ne faut pas attendre, pour faire cette opération, que les racines se soient développées ; sans quoi, vu son énergie, l'on risquerait de les blesser, et ce serait un grand mal pour les plantes.

9° Le binage à la petite houe et le démariage des plants à la main. — Ces opérations sont délicates et demandent beaucoup de soin. Il est donc utile de faire connaître les principales recommandations que M. Decrombecque fait aux ouvriers qui les exécutent.

Quand on place les betteraves, il faut regarder à droite et à gauche pour ne pas laisser de vides. Les plants doivent être espacés de $0^{m},18$ environ. On les conservera plus drus aux fourrières, parce qu'en tournant, les divers instruments traînés par les chevaux en détruisent une partie. On aura la même précaution sur les parties de champs attenant à des jachères.

En démariant, ce sont les plus forts plants qu'on doit garder. Le démariage ne doit se faire que quand les plantes sont déjà grandes et par un temps sec. Il nécessite l'application des deux mains. Il ne faut tenir, en l'opérant, ni binette, ni herbes qui embarrasseraient.

Il est mauvais de travailler sur les terres mouillées, aussi évite-t-on de biner pendant la rosée. Si l'on ne peut faire autrement, on entre dans les betteraves les plus petites le matin, et l'après-midi dans les grandes.

On doit prendre garde de ne casser aucune feuille et de ne détruire aucune racine. L'ouvrier évitera de passer sur son travail lorsque la terre sera encore humide, il y passera, au contraire, quand elle sera très-sèche. Il vaut mieux biner plusieurs fois vivement que de le faire une ou deux fois longuement, car plus on remue la terre, plus les betteraves poussent.

Les binages et le démariage devront commencer de bonne heure. On ne rendra pas la terre trop douce à la surface, parce que les racines du collet du végétal ne pourraient plus s'y fixer.

L'espacement des lignes est celui des billons. M. Decrombecque veut qu'il soit large pour que l'air et le soleil favorisent la végétation des plantes, pour que des binages fréquents et faciles fertilisent le sol; mais particulièrement dans les terres fortes il fait rapprocher beaucoup les betteraves sur la ligne, pour qu'elles ne prennent pas un développement excessif.

Il a remarqué qu'au point de vue de la production du sucre dans les racines, il n'y avait pas avantage à souhaiter un rendement plus élevé que 45,000 à 50,000 kil.

Au delà de ces quantités, si le poids de la matière première augmente, le taux pour cent du principe saccharin diminue de telle sorte que les frais s'accroissent sans profit.

10° Tous les autres binages s'opèrent avec grande facilité et promptitude, à l'aide d'instruments simples et d'une manœuvre facile. Ce sont les herses sarcleuses articulées de Howard, travaillant les quatre versants de deux billons; ce sont les trains limonières de chaînes, dont on double ou triple la puissance en ajoutant des trépieds et des anneaux, et auxquels on adapte des roues de plus en plus élevées, suivant que les plantes ont atteint plus de hauteur.

Elles serpentent dans le fond des sillons, ameublissant et tassant à la fois; mais ce qu'il faut soigneusement noter, c'est qu'en faisant de la poussière sur le sol, les chaînes bouchent les crevasses qui s'y étaient formées par suite de la grande chaleur et empêchent ainsi la couche arable de se dessécher.

Le travail des herses articulées et des chaînes donne une véritable jachère aux deux tiers environ de la surface du champ ; immense avantage obtenu sans grandes dépenses ni fatigues.

Ces instruments sont traînés chacun par un seul cheval, et un homme et un cheval font quatre hectares de chaînage et trois hectares de hersage en un jour. Le bœuf peut très-bien remplacer le cheval ; mais il fera moins d'ouvrage, c'est évident.

11° Le remontage. — Après tous les binages on fait passer le billonneur au fond des sillons. Il reforme les ados et ramène un peu de terre au tour du collet des plantes.

12° Pendant la végétation, sur le sol ameubli par des façons successives et si diverses, M. Decrombecque, qui regarde les fumiers et engrais en couverture, comme plus avantageux pour *les racines* que les fumiers enfouis, en fait répandre sur ses betteraves en quantité naturellement proportionnée à l'état des plantes. Le sol ne doit-il pas être traité comme un animal, dont on augmente ou diminue la nourriture suivant son état d'embonpoint et son travail? Ces apports d'engrais peuvent se faire jusqu'au mois d'août.

Mais comment porter des fumiers sur des betteraves en pleine végétation? Le fumier sort des étables de Lens, déjà très-fait, très-décomposé, très-court; il est chargé sur de grands charriots dont la voie égale la largeur de deux billons, les chevaux et les roues suivent le fond des sillons. On avance peu à peu en déposant l'engrais dans ces fonds, et l'on met ainsi à la portée des suçoirs des racines une réserve d'aliments où elles puisent tout ce dont elles ont besoin pour le parfait développement du végétal.

13° L'arrachage se fait avec le billonneur Howard, dont on relève l'âge en y adaptant un corps de charrue spécial, de plus grande dimension, afin que les feuilles et grosses betteraves ne viennent pas s'engager dans l'instrument et gêner le travail. On attaque un peu de côté la ligne qu'on soulève et déplace. Rien n'est plus simple alors que d'extraire à la main les racines. En un jour, un homme et trois chevaux arrachent un hectare et demi, que des femmes et des enfants réunissent, en une espèce de silo appelé *chaîne*, sur les champs qui ne doivent pas être ensemencés avant le printemps. Pour former une chaîne, on prend les betteraves de trois ares environ, toutes les racines sont tournées en dedans, et les feuilles que l'on ne coupe pas forment extérieurement un premier manteau contre la gelée ; leur humidité même paraît aider la conservation des sucs ; on couvre ensuite d'une épaisseur de 30 centimètres de terre.

Ces silos permettent de retarder les charrois, et tout en servant à la conservation des betteraves, ils ont un avantage qui en paye largement les frais. Les terres que l'on soulève pour le revêtement forment de grandes murailles exposées à l'air et s'imprégnent de gaz fécondants.

Petits et nombreux, ces silos échappent au danger de la fermentation et de la pourriture qui menace les grandes masses.

Sur les soles de betteraves destinées à recevoir une céréale d'hiver, blé ou escourgeon, et elles sont nombreuses à Lens, puisqu'on cultive environ 180 hectares de racines sur 400, la récolte dépouillée de ses feuilles est aussitôt enlevée par des charriots.

Maintenant j'aborde la question des céréales.

CULTURE DES CÉRÉALES.

Le champ est propre et riche, il a reçu des fumiers enfouis et en couverture, et de nombreux binages, hersages, chaînages qui l'ont jachéré; par le fait de l'arrachage des betteraves, il est labouré et les billons sont démontés. Alors :

1° On nivelle le sol, soit en passant le scarificateur, les herses en zigzag Howard et le rouleau hérisson, quand on le peut, soit en donnant un simple mais vigoureux hersage, si l'on est pressé.

Il faut avoir soin pratiquement, dans cette opération, de laisser une ou deux lignes sans les herser et niveler, pour que le laboureur ensuite ne se trompe pas et reforme bien les nouvelles rigoles à la place des anciens billons.

2° Sur la terre nivelée, sans tenir compte des débris de betteraves qui la jonchent, le semis *se fait à la volée* en répandant juste la quantité de grains nécessaire, c'est-à-dire au commencement d'octobre, 70 litres, puis 80, 90, 100 litres à mesure qu'on avance dans la saison.

Semer clair. Voilà qui est d'une grave importance. J'ai visité en décembre les cultures de Lens; exécutées, par le fait des circonstances, un peu plus tardivement que celles des champs voisins, elles étaient déjà aussi vigoureuses. Plus claires de moitié au moins, elles auraient peut-être inspiré quelque méfiance à plusieurs; mais M. Decrombecque s'en réjouissait tout au contraire, et regardait ce fait comme un premier garant de réussite.

Il prétend que cette épargne de semence, bonne dans les terres riches, est meilleure encore à conseiller dans les terres maigres. *Plus une terre est pauvre*, dit-il, *moins il faut la charger*. Seulement, il est bon de semer un peu plus tôt, s'il est possible, pour donner de l'avance à la plante ; et il est de toute nécessité que la semence soit de haute qualité et très-également répandue.

La terre et l'air ne peuvent maintenir dans leur force et conduire à parfaite maturité qu'une certaine quantité de plants.

En semant trop épais, une partie des épis, qui se sont trop promptement formés, avorte ; le grain se forme mal ou ne se forme pas. On dira que sur une terre pauvre, si on sème clair l'herbe viendra; mais si on sème dru, le blé avorte. Semons donc clair ; mais travaillons à combattre l'herbe. Or, tel est le but et l'avantage des billons qui, tout en faisant jouir les plantes de chaleur, d'humidité, d'air, de lumière, permettent de les maintenir, sans trop de frais de main d'œuvre, dans une très-grande propreté, au moins sur un tiers de la surface.

3° *Couvrage*. — Derrière le semeur viennent les

charrues Howard, qui, en formant les billons à la place des sillons, recouvrent la semence.

Pour le blé comme pour la betterave, M. Decrombecque prend donc grand soin de ne pas entamer le sol inférieur où il place la plante. Il veut qu'elle trouve, pour s'y asseoir et s'y fortifier contre les intempéries, un sol ferme.

Le couvrage doit être fait avec intelligence, pour ne pas enterrer le grain outre mesure.

Quand on l'exécute selon l'ancienne méthode de billonnage, comme je l'ai vu faire dans le Centre, on élève sur le corps de la semence une sorte de cône d'autant plus épais que le billon n'ayant que $0^{m},50$, peut à peine suffire à porter les relevées de terre qui lui sont faites de chaque côté. Tout au contraire, le billon ayant ici $0^{m},80$ et étant moins haut, les versoirs du billonneur ne rejettent en passant que la quantité de terre suffisante pour le couvrage.

De plus, aussitôt le semis, on fait passer le hérisson, qui abat et nivelle les points où la terre se serait trop accumulée.

On a constitué ainsi une série de petites planches de $0^m,50$ de largeur environ, où la graine n'est pas plus enterrée sur un point que sur un autre, et qui, séparées par des fonds libres, sont par là même susceptibles d'être cultivées.

Si nous insistions tout à l'heure sur la nécessité de semer clair, nous dirons qu'il n'y a pas moins d'importance à semer superficiellement. M. Decrombecque s'attache, dans ses cultures de céréales, comme de betteraves, à n'enfouir qu'à la profondeur nécessaire.

Il est remarquable que les blés qui, dans un champ, ont une seule feuille, grêle, jaunie, que la gelée atteint et fait souffrir beaucoup quand elle ne la détruit pas, sont enterrés toujours à 7, 8, 9 ou 10 centimètres, c'est-à-dire trop profondément. Tout au contraire, les plants qui ont plusieurs feuilles vigoureuses, bien vertes, et qui ont de la tendance à taller, sont presque semés à fleur de terre, à 2 ou 3 centimètres de profondeur au plus.

D'autre part, si l'on arrache les blés trop enfouis

et ceux qui le sont peu, on est frappé de voir que les premiers, avec leur grand corps fluet, n'ont que de petites racines, tandis que les seconds, trapus, ramassés, peu développés, sont pourvus d'un système radicellaire au moins équivalent à leur tige.

Chaque grain renferme les éléments indispensables à la formation de la jeune plante jusqu'au moment où elle sera constituée de manière à prendre au sol la nourriture nécessaire à son développement et à se sevrer elle-même, si je puis m'exprimer ainsi. D'où il résulte que les grains les plus gros, les mieux nourris contiennent une dose d'aliments supérieure à ceux d'un poids moindre. Il en résulte aussi que si l'on enfouit deux grains de blé, l'un à 2 cent. de profondeur, l'autre à 10, la plumule issue du premier n'absorbera pour sortir de terre qu'une faible quantité de ce lait naturel. Il lui en restera assez pour se constituer en même temps un système de racines complet, vigoureux, puissant. La plumule issue du grain plus profondément enfoui devra s'allonger 5 fois autant que l'autre pour poindre à la surface; pressée d'atteindre le milieu respirable, elle aura épuisé pour ce tour de force une telle quantité de sa provision de lait qu'il lui en reste à peine de quoi former quelques faibles radicules. C'est là pour le végétal une triste entrée dans la vie.

Dans les deux règnes, les sujets du plus bel avenir n'attendent jamais l'âge adulte pour donner de brillantes espérances.

En faisant ces études comparatives sur la végétation, j'ai toujours remarqué que les céréales en billons étaient, pour la vigueur, le développement des racines et le tallement des tiges, de beaucoup en avance sur les cultures à plat faites concurremment par M. Decrombecque dans les mêmes pièces. Et cela n'est pas étonnant quand on réfléchit sérieusement que l'air, la lumière, la gelée, la chaleur dont sont pénétrés les billons agissent sur eux comme sur ces mottes de terre que les cultivateurs laissent à la surface du champ, parce qu'ils comptent sur ces agents pour les ameublir et les vivifier.

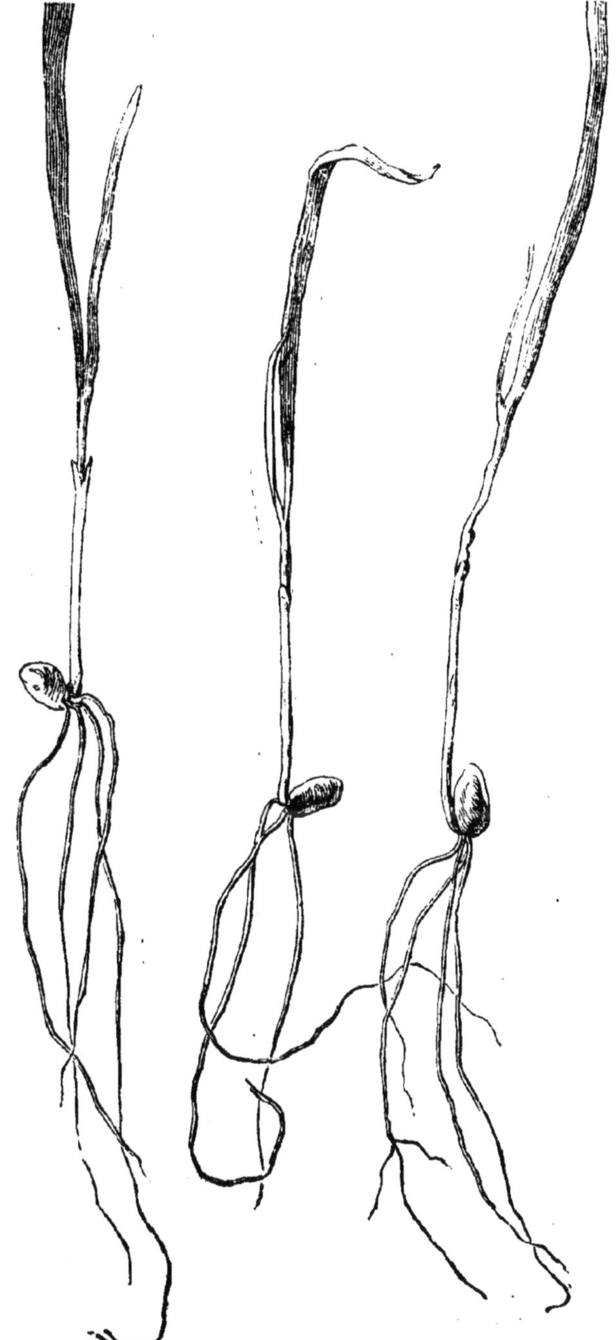

Plants enterrés à 0,01 ou 0,02 c. pris dans les champs de M. Decrombecque.

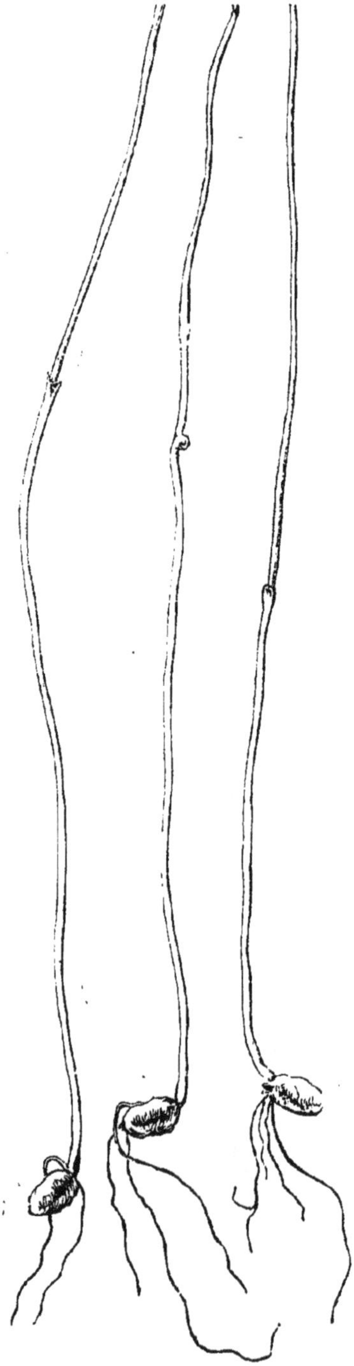

Plants enterrés à 0,08 ou 0,09 pris dans un champ voisin.

Quelques cultivateurs ne croient pas devoir admettre les deux principes du semis clair dans les terres pauvres et du semis léger dans tous les sols.

Sans doute, si ce double conseil était suivi à l'exclusion des autres pratiques que nous avons décrites et qui toutes ont pour but d'assurer la levée et le développement normal des plantes; si surtout on *ignorait ou omettait*, comme je le vois trop souvent dans notre Berry, l'*usage du rouleau*; si, semant tard ou dans des terres exposées à des ravages spéciaux d'insectes ou d'oiseaux, par exemple, on ne tenait aucun compte de ces circonstances, on pourrait s'exposer à des mécomptes.

Mais dans la généralité des cas, je crois, et en cela je ne fais du reste qu'affirmer une des règles les plus positives de la culture de M. Decrombecque, qu'un semis clair et léger est réellement une bonne chose.

M. Henry Vilmorin m'a communiqué les résultats d'une expérience qui est fort intéressante au point de vue des semis clairs, et tout à fait en leur faveur.

Il avait divisé une terre de qualité moyenne en

un certain nombre de portions égales. Dans la première, il sema 25 grains, dans la seconde 50, dans la troisième 100, et ainsi de suite jusqu'à 500 grains. Or, la production fut d'autant plus considérable que la quantité de semence avait été moindre.

C'est, du reste, la conséquence de ce principe qu'un plant de blé n'a pas de plus grand ennemi qu'un autre plant de blé. Aussi faut-il laisser à chacun la place nécessaire pour qu'il acquière librement toute sa vigueur et qu'il produise.

Quant au semis léger, voici un fait significatif :

Au printemps de cette année, je parcourais les terres du Centre, qui malheureusement ne peuvent être classées parmi les terres riches, et je remarquais que les blés semés dans de bonnes conditions, recouverts simplement à la herse, étaient restés vigoureux malgré la rigueur exceptionnelle de ce dernier hiver, tandis que les blés couverts à la charrue ont fort souffert, et se sont mal développés.

Ainsi arrive-t-il presque toujours, et je crois le démontrer par la comparaison de plants arrachés dans des champs cultivés de l'une et l'autre manière. Toutefois, je tiens à le dire, si l'on ensemençait à peu de profondeur et sans soins, notamment une terre légère, on s'exposerait à un échec ; de même qu'il serait imprudent de semer trop clair, si l'on n'était pas décidé à donner aux champs les façons printanières, si importantes, qui doivent détruire l'herbe et fortifier tous les plants.

Lorsqu'on le peut, il faut faire passer sur les blés, avant l'hiver, le rouleau cannelé. Ce demi-tassement raffermit la plante que les gelées saisiraient davantage sans cette opération.

Vers février ou mars, on recommence à canneler avec des rouleaux en bois si le sol est ferme, en fonte si la terre est soulevée. Très-essentiel, ce travail qui est peu coûteux, et que l'on répète jusqu'à trois fois, s'il est besoin, à quatre ou cinq jours d'intervalle, incline les plantes, leur donne du pied et y concentre la séve, toujours trop pressée de s'élever avant d'avoir suffisamment fortifié la base du végétal.

Le fond des sillons est nettoyé avec la herse sarcleuse Howard, modifiée par M. Decrombecque. Avec ses trois corps de herse longs, étroits et reliés entre eux par des arcs de fer, cet instrument tiré par un seul cheval travaille trois sillons à la fois et expurge quatre hectares par jour.

C'est le premier jachérage donné au sol. On le répète souvent deux fois.

Pour raffermir les billons, il faut, quelques jours après le hersage, traîner les chaînes dans les fonds. Chaîner, c'est l'opération favorite de M. Decombrecque, celle dont il attend le plus de résultats. Du reste, l'action en est telle qu'en la répétant plusieurs fois, on combat fortement l'effet désastreux de la verse, et à peu de frais, puisqu'un homme et un cheval chaînent trois hectares en un jour.

La verse est le grand échec de l'agriculture du Nord. Or, quand on a frictionné de la sorte le sol où repose la plante, il semble que tout à coup la végétation s'arrête ; mais réellement elle poursuit son œuvre. La séve toujours agissante s'amasse au collet du végétal que le rouleau a précédemment foulé. Les tiges singulièrement fortifiées se raidissent plutôt que de s'allonger, se corsent et restent ainsi sans fléchir jusqu'à la moisson.

La moisson se fait ordinairement avec la sape ; mais le billon est alors si abaissé par l'affaissement habituel du sol et par les roulages fréquents du printemps, que les faucheurs y travailleraient sans peine. Les moissonneuses qu'on disait incompatibles avec ce système et en faveur desquelles on le repoussait, ont coupé à Lens une partie de la récolte.

La petite *Eclips*, moissonneuse à un cheval, de Samuelson, y a fonctionné avec succès. Seulement, la coupe sur billons demande une heure de plus par hectare que la coupe à plat. Quelques modifications légères en rendraient la manœuvre plus prompte et plus aisée.

Le rendement des céréales en billons a été à Lens d'un dixième en plus. En moyenne, on a recueilli de blé 32 hectolitres à l'hectare ; d'escourgeon, 75 à 80 ; d'avoine, 90.

Les escourgeons, avoine, seigle, sont cultivés

comme le blé, sauf quelques variantes, suivant qu'on sème à l'automne ou au printemps.

COLZAS.

Quant aux colzas, dont j'ai pu personnellement admirer la beauté, on les sème en septembre, sur billons, avec le semoir à betteraves, leurs graines fines devant à peine être recouvertes. Puis, on opère successivement l'éclaircissage et le démariage des plants, les binages avec les herses articulées et les chaînes.

Très-souvent, au printemps, des carottes sont semées à la volée dans le champ et on les enterre par un chaînage. En juin, après la récolte des colzas, les herses et les chaînes passent à nouveau et ameublissent le sol au profit des racines. On y sème alors un engrais pulvérulent si, par leur apparence, elles semblent capables de n'en point faire regretter le déboursé.

L'arrachage a lieu en septembre ou octobre, et le sol reçoit aussitôt les façons préparatoires à un semis de blé ou d'escourgeon.

Les colzas donnent 28 hect. de graines ; et les carottes dérobées ont fourni cette année 20,000 kil. de racines à l'hectare.

On a cultivé aussi à Lens les pommes de terre et les fèves sur les billons. Ces dernières n'ont qu'imparfaitement réussi.

Le succès a été complet pour la pomme de terre, surtout dans les terres fortes où elle éprouve ordinairement de si grandes difficultés pour vaincre la ténacité du sol. L'ameublissement produit par la disposition du billon et par les cultures qu'il reçoit place les tubercules dans un milieu favorable à leur développement.

L'ados, en effet, dont on exagère l'élévation avant l'hiver, est singulièrement adouci au moment de la plantation. On donne à la rigole assez de profondeur pour que les instruments s'y maintiennent et que l'assèchement s'y opère, mais pas assez pour que les racines, placées dans une position déclive, soient exposées à se dégarnir de terre et à se dessécher.

La constatation de tels résultats, l'ensemble si raisonné et si réfléchi des moyens mis en œuvre par M. Decrombecque dans sa culture nouvelle, l'admirable science avec laquelle il a su tenir compte des lois de la vie végétale et de l'action des agents de l'atmosphère, ces auxiliaires si puissants que l'agriculteur oublie très-souvent d'appeler à son aide, ne sont-ce pas là autant de preuves sérieuses de l'excellence de sa méthode.

Travailler presque constamment et économiquement le sol, fumer les plantes à temps et proportionnellement à leurs besoins, tasser autant qu'ameublir : en voilà les bases.

CHAPITRE QUATRIÈME.

De la préparation et de l'application des engrais pour la culture en billons.

Quelle que soit l'énergie des instruments qu'on emploie, quelque multiples et habilement combinées que soient les façons données à un sol, on ne peut le maintenir longtemps productif. Comme il faut nourrir l'animal pour qu'il se développe, il faut engraisser la terre pour y faire surgir de riches récoltes.

Servez aux plantes le fumier, qui en est en quelque sorte le pain, apportez-leur le mets plus raffiné des engrais chimiques qui, selon des expérimentateurs habiles, aiguisent fort leur appétit au profit des cultivateurs, recourez à ces deux sources de fécondité, vous le pouvez. Au cultivateur de choisir ce qui conviendra le mieux, mais il les faut nourrir.

Point de culture sans fumure. Ainsi, en faisant ressortir l'importance des influences atmosphériques dans le billonnage, influences dont on aurait tort de négliger le bienfait, nous n'avons garde d'atténuer le rôle de l'engrais.

Ses effets sont immenses. Est-il toujours pleinement utilisé? Le système de culture que nous préconisons le régularise, le proportionne aux besoins des plantes et aux circonstances dans lesquelles elles se trouvent. Il assure un développement normal, sans excès et presque sans perte, une végétation, pour ainsi dire, économique.

Or, pour atteindre ce but, M. Decrombecque s'attache, dans la pratique, à deux grands points :

1° Il fait subir aux fumiers une préparation telle, qu'ils acquièrent promptement et gardent jusqu'au jour de leur emploi toute leur puissance d'action.

2° Il n'en mêle au sol que des quantités relativement faibles, se réservant de les compléter par des fumures en couverture selon la physionomie que présentent les champs après les intempéries et les crises de la végétation.

Et d'abord occupons-nous de la préparation des fumiers.

PRÉPARATION DES FUMIERS.

A Lens, vous ne trouverez point, au milieu des cours, ces immenses fosses où les engrais, trop souvent mal tassés, pénétrés par l'air et par la pluie, perdent, en se décomposant, une notable partie et quelquefois la meilleure de leurs sucs. Ils ne subissent qu'un seul déplacement pour passer de l'étable aux champs, où ils sont conduits directement.

Pendant deux, trois et quatre mois même, on les laisse séjourner sous les pieds des animaux. Ceux-ci, loin d'en souffrir, y trouvent l'avantage d'une couche douce et chaude, qui les invite au sommeil, très-favorable au repos des bêtes de travail et au développement des bêtes d'engrais.

Je me souviens d'un soir où faisant une tournée dans sa ferme, M. Decrombecque me fit remarquer des chevaux qui avaient attendu plus longtemps que d'autres pour se coucher, et je vis que justement l'écurie où ils étaient, avait été vidée le jour même. Ils ne trouvaient plus leur lit habituel et ils en souffraient.

Mais ce mode n'est pas sans nécessiter des précautions et des soins, fort simples, du reste.

« Tous les jours, dit M. Decrombecque, on enlève sur le dessus de la litière les quelques brins de paille qui sont encore secs et l'on répartit les déjections solides sur toute la surface ; puis, pour absorber l'excès d'humidité, on ajoute de la terre sèche dont on fait provision pendant l'été, ou que l'on a fait sécher avec des cendres d'usine ou des tourbes.

» Après cette première opération, on ramène la paille qui n'avait pas été atteinte par l'humidité, et que l'on avait d'abord écartée ; on y ajoute un peu de paille nouvelle et on fait de la sorte une litière parfaitement sèche et une couche très-moelleuse, sur laquelle l'animal se repose en conservant parfaitement ses aplombs. »

Bien que nous n'ayons pas positivement à parler

ici des étables, il est pourtant opportun d'en dire quelques mots, en tant qu'elles sont le lieu de fabrication et de conservation des fumiers.

D'excellents agriculteurs, frappés de l'avantage qui résulte de la conservation des fumiers à l'étable ou à l'écurie, mais craignant que leurs émanations et leur contact fussent nuisibles à la santé du bétail, ont conseillé de les mettre en arrière des animaux, pour que ceux-ci, placés sur une plate-forme, n'en aient que la partie fraîche et absolument nécessaire sous eux.

Outre que ce système est plus coûteux par l'établissement des plates-formes et des fosses, plus embarrassant et peut-être dangereux par suite de cette disposition singulièrement inégale du sol ; il a l'inconvénient de prendre une place considérable que l'animal n'occupe pas, de moins bien favoriser le tassement et de priver le bétail de cette couche chaude et douce regardée comme si utile.

Quant aux émanations, elles sont plus fortes par suite d'un moindre tassement, en admettant même que des matières condensées ou des terres desséchées fussent répandues en égale quantité sur la masse.

D'ailleurs, en agriculture, la simplicité doit passer avant tout. Par conséquent, creuser légèrement ou profondément le sol d'une étable, selon la durée du temps pendant lequel on pense laisser séjourner les fumiers ; étendre seulement ceux-ci avec soin, tous les jours, en y mêlant des poussières absorbantes ; les enlever de temps à autre en faisant entrer les tombereaux dans les bâtiments, si les portes le permettent, est une méthode préférable à ce système compliqué qui recourt aux fosses et aux plates-formes, quand bien même l'engrais, ce dont nous doutons, y serait préparé avec la même perfection.

Maintenant je ne saurais trop insister sur la conservation des fumiers à l'étable sous les pieds des animaux, et sur l'emploi des terres sèches mélangées à la litière.

C'est une amélioration on ne peut plus profitable et qui n'est pas coûteuse ; le plus petit métayer peut l'appliquer dans son domaine. Un mauvais hangar construit avec quelques arbres dégrossis et des branches suffira pour abriter la quantité de terre nécessaire à l'entretien de plusieurs étables.

Un des plus remarquables agriculteurs de l'Ardenne française, M. Charles Gossin, améliore et transforme un sol tenace, et privé de calcaire, en unissant à ses fumiers, non pas des terres sèches, mais des terres marneuses. Il en résulte une combinaison très-avantageuse. Le fumier par la marne, la marne par le fumier, voient leurs effets s'activer et doubler de puissance.

De plus, l'augmentation des charrois causés par l'addition des terres s'annule, puisqu'il faudrait également charroyer la marne sur les champs.

L'utilisation des terres comme litière apporte aussi dans les fermes une notable économie de paille, dont on manque souvent. Je calculai, à Lens, qu'une fois la première couche établie sur le sol, on ne dépensait guère par jour et par cheval que 1 kilog. de paille; d'autre part, 40 à 50 livres de terre desséchée suffisaient pour une écurie de 20 chevaux.

Tout autre est la fermentation qui s'opère dans un fumier plusieurs fois remué, placé à l'air libre, et celle qui a lieu dans un fumier additionné de terre, bien abrité et piétiné. L'air y pénétrant peu, elle est tempérée, égale, et, sans qu'on ait besoin d'y veiller, elle n'atteint jamais ce degré dangereux, en été surtout, où elle consume. La décomposition qu'elle provoque par le tassement continu, se fait toutefois avec uniformité et avec une sorte de règle.

La coutume où l'on est de garder le fumier des moutons sous ces animaux pendant l'hiver, peut donner l'idée de la pratique que nous conseillons ; mais alors on ne met point de terre, et souvent trop de paille ; il se forme des vides : d'où provient une fermentation trop forte, nuisible à la qualité de l'engrais, et des émanations contraires à l'hygiène du bétail.

Ici la paille, peu abondante, et que l'on coupe le plus souvent à l'aide d'un hache-paille à 25 centimètres de longueur, s'unit à la terre sèche par le tassement. Les gaz sont fixés ; les purins, dont on ne perd pas une goutte, viennent lentement humifier, décomposer la masse, qui acquiert une homogénéité parfaite, et devient applicable aux terres au bout d'un laps de temps fort court.

Il me semble opportun de citer l'opinion d'un auteur agricole allemand, Thaër, dont l'ouvrage me semble déjà trop rare, parce qu'il renferme une science pratique éminente. « Le fumier conservé à l'étable commence, dit-il, sa décomposition à l'aide de son humidité naturelle; et comme il est alors moins exposé à l'air, il perd peu ou rien par l'évaporation ; il absorbe même les vapeurs pesantes qui s'exhalent du bétail et sont entraînées sur la terre. Ces faits sont *hors de tout doute, et la crainte manifestée par plusieurs personnes que les vapeurs qui s'élèvent des fumiers ne nuisent au bétail est sans fondement.* On ne remarque aucune mauvaise odeur dans ces étables; l'air y demeure très-respirable, pourvu qu'on ne ferme pas toute entrée à celui du dehors. »

Or, M. Decrombecque qui, pendant les froids, prend toutes les précautions nécessaires pour abriter ses animaux de leur atteinte, apporte une égale attention à l'aération de ses étables. Il prétend même que, grâce à la chaleur qui sort des fumiers placés sous le bétail, il a beaucoup moins à craindre le refroidissement causé dans les étables ordinaires par la libre circulation de l'air.

Thaër ne parle pas de l'excellente coutume appliquée par M. Decrombecque de mélanger des terres avec le fumier; aussi pense-t-il qu'il y aura quelque difficulté à laisser sur leur litière les bêtes à l'engrais qui, mieux nourries, produisent des déjections plus abondantes et plus liquides.

Il ajoute : « Le fumier qu'on s'est procuré de cette manière, surtout celui de la couche inférieure, est d'excellente qualité, et lorsqu'on le transporte de l'étable, il a dépassé l'époque où il s'évapore le plus par la fermentation; ses parties volatiles se sont déjà réunies aux solides. »

M. Decrombecque affirme donc avec raison que rien n'égale la qualité d'un pareil engrais; et il n'exagère pas en disant qu'il est certain que 1,000 kil. de fumier traité à l'étable valent plus de 1,500 kil. préparés à la manière ordinaire.

Quand on n'a pas fait une provision assez considérable de terre sèche en été, on en cuit, et cela même en hiver : l'humidité active le travail plutôt qu'elle ne le ralentit, l'eau que renferment les mottes, se vaporisant au contact de la chaleur, acquiert une tension qui les divise et en hâte la dessiccation.

Voici comment on opère :

Un certain nombre d'étroites et longues fosses d'un pied de largeur et d'autant de profondeur sont creusées dans le sol. C'est ce qu'on nomme les fourneaux. On y dissémine la valeur d'une botte de paille; on place par-dessus des fragments de petit bois cassé, des bûches; puis chaque fourneau reçoit dix kilos de charbon.

Des palets de terre de 10 centimètres d'épaisseur, et de 20 centimètres de long et de large ont été coupés par la bêche ; on les entasse sur les bûchers, en laissant de petits vides pour le passage de l'air.

Le feu est alors mis aux fourneaux, et à mesure que la flamme gagne, on ajoute de nouveaux palets sur lesquels on jette de temps en temps un peu de poussière de houille. Les tas peuvent s'élever jusqu'à deux mètres et plus selon que le feu prend bien ou mal.

Cette opération est analogue à celle de l'écobuage ; aussi en soumettant à l'action du feu la terre destinée à être unie aux fumiers, on en développe les principes. Elle n'agit plus alors seulement comme absorbant, elle devient un élément sérieux de fertilité.

Les sels de potasse, de soude, la chaux passent à un état complétement assimilable; mais alors, après la cuisson, les terres traitées ne doivent être ni rouges ni blanches, elles auraient trop chauffé.

La couleur grise, noirâtre ou brune indique qu'on a réussi.

Les terrains de nature tourbeuse, les argiles sont les meilleures pour cet usage. Toutes les autres matières terreuses peuvent servir à retenir les vapeurs des fumiers, avec d'autant moins d'avantage toutefois, on le comprend, qu'elles sont plus arides.

APPLICATION DES FUMIERS.

Quand la couche de fumier accumulée dans une étable paraît trop épaisse, ou qu'une opération d'engraissement est terminée, ou que les besoins d'une terre le nécessitent, on l'enlève et les chariots qui la reçoivent sont immédiatement dirigés sur les champs. Si les matières terreuses ou cendreuses y ajoutent un peu de poids, utile du reste, il y a une compensation dans l'absence complète de cette humidité surabondante, provenant de causes extérieures et surchargeant, en général, les fumiers ordinaires sans profit pour les plantes.

La quantité de fumier répandue à l'automne par M. Decrombecque sur un champ qui doit être ensemencé au printemps en betteraves, colzas ou autres récoltes jachères, est relativement légère, à moins qu'il n'ait affaire à une terre nouvellement acquise, et qui ait besoin d'un traitement particulier. On peut l'évaluer à 24,000 kilog. environ.

Elle ne peut suffire, il le sait; et lorsque de bonne

heure il a déposé la semence, que la plante a levé, grandi, que les défoncements du sillon, les binages des versants, les chaînages répétés des fonds ont été exécutés, il y fait étendre à nouveau du fumier.

Tout en ayant pour règle d'en proportionner toujours la quantité au besoin des plantes, il en distribue plus abondamment aux betteraves qui seront suivies d'un blé peut-être sans fumure.

Je dis peut-être, car si, après l'hiver, il s'aperçoit que les plantes ont souffert et sont trop affaiblies, il n'hésite pas à leur appliquer une légère couche de fumier dans le fond des sillons.

L'expérience est vraiment opportune à faire, notamment sur les sols où l'action du rouleau n'est pas venue compléter le travail des labours, et où les fortes gelées ont déchaussé et déchiré les plantes.

Ainsi, il ressort clairement de ces remarques que le fumier répandu en couverture est, aux yeux du célèbre praticien de Lens, le plus efficace de tous. De plus, la manière de le fabriquer sous les animaux, les préparations qu'il lui fait subir, soit par la coupure des pailles, soit par l'apport des terres, et qui le rendent en quelque sorte pulvérulent, sont des conditions nécessaires pour en recueillir promptement l'entier effet.

On citera, et à juste titre, des cas où le fumier enfoui doit être préféré au fumier répandu à la surface. Nous savons, par exemple, que, dans des terres fortement argileuses, une fumure fraîche, pailleuse et abondante s'emploie avec succès pour combattre la ténacité; mais son effet est alors autant mécanique que chimique, et l'on cherche à atteindre alors un double but, tandis que nous ne parlons ici que de nourrir la plante.

D'ailleurs, si dans un sol tenace un système de culture pouvait dispenser de recourir à des fumures pailleuses, ce serait bien le billonnage. Nous estimerions, au reste, comme excellent dans un cas pareil de recourir au billon et à la fumure fraîche, sans oublier de faire usage, en temps utile, de la fumure en couverture.

Il faut dire que la culture en billons se prête merveilleusement à ce mode de répandre l'engrais. Il tombe au fond du sillon, qui est libre et qui a été, à plusieurs reprises, travaillé. Il pénètre tout à l'entour le sol de ses sucs, et arrive promptement à proximité des suçoirs des racines qui l'absorbent. Il existe même, on l'a remarqué, un tel goût des racines pour les engrais, qu'elles les recherchent avec une sorte d'instinct, et étendent pour les atteindre leurs ramifications à des distances relativement considérables.

Indépendamment de la nourriture que les fumiers fournissent, ils conservent la fraîcheur à la terre et favorisent la végétation continue des plantes, malgré les chaleurs de l'été.

Epandus sur les champs qu'on cultive à plat, ils ont bien les mêmes avantages ; mais ils sont trop près du collet des plantes, et pas assez près des racines. L'humidité que cause leur présence peut être nuisible pendant les saisons pluvieuses.

Il est à penser aussi que l'embarras de les répandre sur les plantes semées à la volée est sans doute une des causes qui ont empêché d'en généraliser l'usage malgré les bons résultats qu'on en retire.

Un certain nombre de cultivateurs hésiteront peut-être à disséminer ainsi leurs fumiers à la surface des champs, craignant qu'ils ne perdent une grande partie de leur substance par l'évaporation. Cette objection, en apparence bonne, et qui s'appuie sur la coutume où l'on est d'enterrer le fumier dès qu'on l'apporte, tombe devant les faits.

L'agronome que je citais tout à l'heure, Thaër, dans son chapitre sur l'emploi des engrais, sans conseiller de les fournir à la plante en végétation, ce qu'il pratiquait peut-être, affirme que les laisser séjourner un certain temps sur un sol préparé, sur une jachère par exemple, est excellent.

« D'après un grand nombre d'expériences comparatives faites tant par moi que par d'autres agriculteurs, écrit-il, il me paraît presque hors de doute que le fumier qui a dépassé le point de la plus forte fermentation, lorsqu'il est épandu sur le sol, même pendant la saison la plus chaude et durant la séche-

» resse, que ce fumier, dis-je, non-seulement ne perd » rien de sa qualité, mais même gagne encore. Cette » assertion paraîtra incroyable à tous ceux qui n'ont » fait aucune expérience à ce sujet. »

Nous ne devons donc plus nous étonner que M. Decrombecque, s'autorisant de ses propres expériences, soit arrivé à formuler ce principe : *que les fumures en couverture sont de beaucoup supérieures aux fumures enfouies.*

Il les répand avec abondance et à diverses reprises. Ainsi les betteraves reçoivent jusqu'au mois d'août le fumier que fournissent ses étables continuellement repeuplées.

Nous avons dit comment, grâce à la disposition des billons, les chariots s'engagent sans aucun inconvénient dans les champs en végétation, les roues et les chevaux suivant les fonds, et comment l'engrais est jeté de ces chariots dans les sillons avec la plus grande facilité.

Pour donner une idée du profit que tirent les plantes de ces apports d'engrais, rien de plus concluant que ce fait cité par M. Corenwinder, et que les visiteurs de Lens ont pu apprécier : à savoir, que les betteraves ainsi cultivées émettent un chevelu abondant qui se dirige suivant la pente du billon, et sort même de terre pour aller se fixer et se développer dans des morceaux de fumier non encore désagrégés.

APPLICATION DES ENGRAIS INDUSTRIELS ET DES FUMURES VERTES.

Avec les fumiers proprement dits, M. Decombrecque emploie en couverture plusieurs engrais supplémentaires.

Sur un point où les intempéries, les insectes ont fait des ravages et où la plante demande un prompt secours, on répandra des tourteaux de colza pulvérisés, des débris de noir, du sulfate de chaux et aussi des engrais chimiques : nitrate de soude, nitrate de potasse, sulfate d'ammoniaque, etc...... La nature de ces substances variant avec les besoins du sol et de la plante, il est difficile d'en fixer les quantités appliquées.

Toutefois lorsqu'on mélange dans les fumures supplémentaires les sels chimiques et les tourteaux, c'est en général dans la proportion d'un tiers de sels contre deux tiers de tourteaux, soit 100 à 200 kil. des uns contre 300 à 600 kil. des autres. Employés seuls, les tourteaux sont répandus à plus forte dose, 800 kil. par exemple. Ils ne coûtent que 14 fr. environ les 100 kil., tandis que les sels sont beaucoup plus chers.

Leur effet est très-considérable, surtout sur les betteraves qui ont besoin d'être fortifiées pendant les premières et les plus dangereuses phases de la végétation.

Avant de les faire passer sous le broyeur on trempe, un instant, les tourteaux dans l'eau acidulée. Ils s'en pénètrent, se pulvérisent plus facilement, et ainsi traités, fournissent à la plante une plus grande somme de matières nutritives assimilables.

Ces divers engrais forment un complément excellent; ils viennent en aide au fumier d'étable, mais sans le supplanter jamais.

Restent les fumures vertes. M. Decrombecque leur donne cette année (1868) une grande extension. Dans un sol appelé à produire presque constamment la betterave et le blé, elles sont destinées à apporter des principes rafraîchissants.

Ce seront des minettes, des sainfoins, des carottes même semées dans les avoines, et que la charrue incorporera au sol avant l'hiver.

Il est une foule d'autres plantes qui peuvent fournir le même résultat utile. Sur les terres pauvres, le sarrasin doit être considéré comme le meilleur et le plus facile engrais végétal; outre que la semence en est peu coûteuse, il vient si vite qu'on peut en enfouir jusqu'à deux récoltes successives dans une jachère.

L'union intelligente des fumures vertes et des engrais chimiques rend d'immenses services, surtout sur les points éloignés d'une exploitation, où le transport des fumiers est entravé par le temps, aux mauvaises humeurs duquel il faut bon gré mal gré savoir se conformer pour réussir.

Tels sont, sur la fabrication et l'emploi des engrais à Lens, les renseignements que j'ai pu recueillir.

Quiconque voudra les suivre et en tirer un entier bénéfice, ne devra point omettre les diverses façons données au sol dans l'entre-billon. En effet, elles le préparent à profiter des fumures qui y sont déposées. On se figure aisément combien une terre vingt fois ameublie et travaillée est plus apte à conserver l'humidité et à s'assimiler les sucs qui lui viennent des engrais épandus à la surface.

Il y a une corrélation intime entre toutes les opérations d'une culture améliorante ; en négliger une, c'est souvent compromettre ou atténuer le bon effet des autres.

CHAPITRE CINQUIÈME

Avantages économiques de la culture en billons, établis d'après l'examen du prix de revient.

Afin de faire ressortir d'une manière plus évidente les avantages économiques de la culture en billons, je vais essayer d'en établir le prix de revient comparativement avec celui de la culture à plat.

Je prendrai l'exemple à Lens même. Dans un but expérimental, plusieurs champs y sont cultivés simultanément à plat et en billons.

L'assolement est en quelque sorte biennal puisque, sauf l'introduction des céréales de second ordre qui épuisent moins le sol et des plantes fourragères qui le rafraîchissent, les betteraves et le blé s'y succèdent. Notre compte, pour être juste, devra donc comprendre deux ans.

On emploie indistinctement dans la ferme les bœufs

et les chevaux à tous les travaux; mais comme les chevaux coûtent toujours plus cher, nous les prendrons pour élément de compte.

Grâce à un système spécial de nourriture et d'organisation, dont nous parlerons, on porte à Lens la journée d'un cheval, tous frais compris, à 4 francs.

Un homme et un cheval coûtent 6 francs par jour; quand il y a deux chevaux on estime à 10 francs la dépense de la journée.

Ces bases établies, nous donnons dans un tableau comparatif ci-après le détail des dépenses et des recettes pour chaque genre de culture.

Il en résulte, en faveur du billonnage, une différence de 221 f. 55 pour les deux soles, soit 110 f. environ par an et par hectare. Diminuez-la des frais d'amortissement de l'outillage et vous verrez combien immense en est encore l'importance sur une culture de 400 hectares !

Nous n'avons point fait entrer en compte la paille, dont nous estimons le produit à peu près égal dans les deux cas. On n'y a pas fait figurer non plus les engrais de ferme, ni les engrais artificiels qui ont été enfouis ou appliqués en couverture pendant la période culturale. Nous admettrons qu'on en a répandu la même quantité sur le terrain préparé à plat et en billons; mais ce qui doit être soigneusement remarqué et qu'il serait pourtant difficile à la comptabilité de contrôler exactement; c'est la durée de l'effet des fumures résultant du système que nous proposons.

M. Decrombecque a constaté que, grâce sans doute aux influences atmosphériques dont la couche arable est mieux pénétrée, la plante lui emprunte, pour atteindre le même développement, une quantité moindre de principes nutritifs que dans la culture à plat.

En diminuant les frais, le billonnage laisse donc le sol plus riche et plus propre.

TABLEAU

DU PRIX DE REVIENT DE LA CULTURE EN BILLONS

CULTURE EN BILLONS. — DÉPENSES PAR HECTARE.

—

1re ANNÉE. — SOLE DES BETTERAVES.

OPÉRATIONS CULTURALES.	Hommes employés.	Chevaux employés.	Prix des hommes et des chevaux par jour.	Quantité d'hectares préparés par jour.	Prix d'un hectare.	
Labour à 0^m35 en formant le billon (charrue Valerand ou Decrombecques)	2	6	28 »	1	28 »	
Démontage des billons. Croskill ou cannelé de fonte	1	3	14 »	3	4 70	
Démontage des billons. Hersage	1	2	10 »	3	3 30	
Remontage des billons par le billonneur Howard	1	3	14 »	1	14 »	
Passage du rouleau hérisson	1	2	10 »	4	2 50	
Semis au semoir en billons	1	1	6 »	4	1 50	
Semence : 10 kil. à 1 fr. l'un	.	.	. . .	.	10 »	
Placer, démarier et biner à la main	.	.	. . .	.	20 »	
Passage du cannelé de bois	1	1	6 »	6	1 »	
Passage du rouleau de tôle	.	.	. . .	.	1 »	
(Après la levée) hersage avec les sarcleuses Howard	1	1	6 »	4	1 50	
Id	.	.	. . .	.	1 50	
Binage avec le billonneur démonté et muni de razettes	1	2	6 »	1 1/2	4 »	
Passage du train limonière chaîne	1	1	6 »	4	1 50	
Id	.	.	. . .	.	1 50	
Remontage léger au billonneur	1	1	6 »	1 1/2	4 »	
Labour d'arrachage facilité par le billon et servant de labour préparatoire au blé	1	2	10 »	1 1/2	6 60	
Enlever, décolleter, mettre en chaîne et charger en voiture	.	.	. . .	.	20 »	
					126 60	126 60

COMPARATIF

ET DE LA CULTURE A PLAT.

CULTURE A PLAT. — DÉPENSES PAR HECTARE.

1re ANNÉE. — SOLE DES BETTERAVES.

OPÉRATIONS CULTURALES.	Hommes employés.	Chevaux employés.	Prix des hommes et des chevaux par jour.	Quantité d'hectares préparés par jour.	Prix d'un hectare.	
Un labour à 35 centimètres....	2	4	20 »	1/2	40 »	
Un hersage..................	1	2	10 »	4	2 50	
Id..........................	.	.	.. .	.	2 50	
Labour de printemps..........	1	2	10 »	1/2	20 »	
Trois hersages...............	.	.	.. .	.	7 50	
Passage du rouleau...........	1	2	10 »	3	2 50	
Id. deux fois................	.	.	.. .	.	5 »	
Semence, 14 kil. à l'hectare, estimée à 1 fr. le kilog........	.	.	.. .	.	14 »	
Semis au semoir ordinaire.....	2	1	8 »	3	2 75	
Passage du rouleau deux fois..	.	.	.. .	.	5 »	
Deux binages à la houe.......	1	1	6 »	3	4 »	
Les divers binages à la main...	.	.	.. .	.	45 »	
Arrachage des racines.........	1	2	10 »	3/4	12 50	
Enlever à la main, décolleter, nettoyer, mettre en chaîne, charger en voiture..........	.	.	.. .	.	40 »	
					203 25	203 25

2e ANNÉE. — SOLE DE BLÉ.

OPÉRATIONS CULTURALES.	Hommes employés.	Chevaux employés.	Prix des hommes et des chevaux par jour.	Quantité d'hectares préparés par jour.	Prix d'un hectare.	
Un labour à 20 centimètres....	1	3	15 »	1/2	30 »	
Hersage......................	.	.	.. .	.	2 50	
Passage du rouleau...........	.	.	.. .	.	2 50	
Semence : 135 lit. à 25 fr. l'hect.	.	.	.. .	.	33 75	
Trois hersages...............	.	.	.. .	.	7 50	
Passage du rouleau au printemps.	1	1	6 »	3	2 »	
Un hersage...................	1	1	6 »	4	1 75	
					80 »	80 »
						283 25

CULTURE EN BILLONS. — DÉPENSES PAR HECTARE.

2ᵉ ANNÉE. — SOLE DE BLÉ.

OPÉRATIONS CULTURALES.	Hommes employés.	Chevaux employés.	Prix des hommes et des chevaux par jour.	Quantité d'hectares préparés par jour.	Prix d'un hectare.	
						126 60
Déchaumage { au scarificateur.	1	4	18 »	3	6 »	
Déchaumage { à la herse.....	.	.	...	.	2 50	
Semis à la volée............	.	.	...	.	» 50	
Semence : 90 litres à l'hectare à 25 fr. l'hectolitre..........	.	.	...	.	22 50	
Billonnage pour couvrir........	1	2	10 »	1 1/2	6 50	
Passage du rouleau hérisson...	.	.	...	.	1 50	
Passage du cannelé de bois....	1	1	6 »	4	1 50	
Hersage des fonds après l'hiver.	1	.	6 »	4	1 50	
Id.......................	.	.	...	.	1 50	
Passage du cannelé, deux fois...	.	.	...	.	3 »	
Passage des chaînes, deux fois..	.	.	...	.	3 »	
Sarclage du dessus des billons à la main.................	.	.	...	.	10 20	
Récolte à la sape............	.	.	...	.	20 »	
Liage.....................	.	.	...	.	5 »	
Déchaumage à la chaîne triplée.	.	.	...	.	4 50	
Second passage de la chaîne....	.	.	...	.	4 50	
					94 10	94 10
Total des dépenses........						220 70

CULTURE EN BILLONS. — RECETTES PAR HECTARE.

Rendement de la sole de betteraves 45,000 kil. à 18 fr. les 1,000 kil..................	810 »
Rendement de la sole de blé : 35 hectol. à 25 fr. l'hectol..........................	875 »
Total des recettes.........	1.685 »

CULTURE A PLAT. — DÉPENSES PAR HECTARE.

2e ANNÉE (SUITE). — SOLE DE BLÉ.

OPÉRATIONS CULTURALES.	Hommes employés.	Chevaux employés.	Prix des hommes et des chevaux par jour.	Quantité d'hectares préparés par jour.	Prix d'un hectare.	
						283 25
Récolte faite à la sape	.	.	.. .	.	20 »	
Liage	.	.	.. .	.	5 »	
Déchaumage à la chaîne triplée de Howard	1	4	18 »	4	4 50	
Second passage de la chaîne	..	.	.. .	.	4 50	
					114 »	34 »
Total des dépenses						317 25

CULTURE A PLAT. — RECETTES PAR HECTARE.

Rendement de la sole de betteraves, 45,000 kil. à 18 fr. les 1,000 kil.	810 »
Rendement de la sole de blé : 30 hectol. à 25 fr. l'un	750 »
Total des recettes	1.560 »

COMPTE COMPARATIF DES DEUX CULTURES.

	Culture à plat.	Culture en billons.
Total des recettes	1.560 »	1.685 »
Total des dépenses	317 25	220 70
	1.242 75	1.464 30
		1.242 75
Différence en faveur de la culture en billons		221 55

CHAPITRE SIXIÈME.

L'Hygiène et l'alimentation du bétail.

Bien que la question de l'hygiène et de l'alimentation du bétail sorte du cadre que je m'étais tracé pour l'examen de la culture en billons, peut-être intéresserai-je en donnant, d'après les observations que j'ai faites à Lens, quelques détails sur cet important sujet.

Je l'ai abordé au chapitre de la préparation des fumiers; il n'est pas inopportun d'y revenir.

Si l'alimentation est la principale condition pour qu'un animal profite, la situation dans laquelle on le place, les dispositions du logement qu'il habite, les soins plus ou moins bien entendus dont il est l'objet, l'hygiène en un mot, en préparent et en accélèrent les résultats.

Parmi les règles d'une bonne hygiène, les unes

changeront avec le but à atteindre, d'autres ne varient jamais.

Ainsi en est-il de la salubrité du local, qui est toujours d'autant plus complète que celui-ci est mieux aéré et plus propre.

Des ouvertures destinées à épurer et à renouveler l'air existent dans chaque étable ; mais, comme à certaines époques, en hiver par exemple, et surtout pour les animaux d'engraissement, l'introduction de l'air froid extérieur est défavorable, ces ouvertures, à Lens, sont closes, en outre de la fermeture ordinaire, par un rideau grossier de toile à sac. On peut ainsi élever la température de l'étable en donnant accès à l'air ou en l'interceptant tout à fait.

En été, on ouvre les portes et les fenêtres et on tire dessus les rideaux, ils arrêtent alors la chaleur qu'ils avaient servi à conserver.

L'engraissement et l'élevage s'opèrent dans des boxes. Elles forment une longue suite de cases réunies sous un même toit, et au-dessus desquelles l'air circule librement. Deux ou trois fois par an, on donne à toutes les étables un badigeonnage au lait de chaux. L'aspect des murailles y gagne, et l'on arrive ainsi à maintenir cette propreté rigoureuse qui préserve le bétail de l'atteinte des maladies.

J'ai dit comment la terre desséchée, répandue chaque matin sur la litière, permet de conserver celle-ci plusieurs mois sous l'animal en arrêtant toute évaporation des gaz ammoniacaux et de l'azote.

Le logement est donc sain. Il doit être spacieux et même, pour les bêtes élevées ou engraissées, offrir une telle disposition, qu'on puisse ne les point attacher. La liberté des mouvements leur est extrêmement profitable.

Les boxes sont construites dans ce but, et les avantages qu'on en retire compensent en peu de temps les frais d'établissement. Chacune a 2 m. 70 en tous sens et en outre s'approfondit d'un mètre au-dessous du niveau du sol extérieur ; des murs en forment la paroi jusqu'à une hauteur de 1 m. 20, et elle se termine par des poteaux reliés avec des planches à claire-voie. Un couloir intérieur permet de passer devant les animaux et de déposer la nourriture dans une auge mobile que l'on élève à mesure que le fumier s'accroît. Une porte donnant sur la cour sert à faire entrer et sortir chaque bête, à entretenir la litière, à l'extraire après l'engraissement.

Cette porte et toute la paroi extérieure du bâtiment sont revêtues de treillis de paille, que maintiennent des lattes. La chaleur en hiver, et la fraîcheur en été se gardent mieux, grâce à ces abris.

M. Decrombecque estime que chaque boxe revient par tête à 150 fr., et que les bénéfices la paient en deux ans.

« Le repos avec la liberté, dit-il, le manque de lumière (car les boxes n'ont que des portes) et la chaleur, tempérée par une habile aération, sont autant de causes qui tendent à développer ou à engraisser un animal moitié plus que dans les conditions ordinaires et avec un septième de moins de nourriture.

» Les boxes sont également favorables à l'élevage ; elles offrent assez d'espace pour que les jeunes animaux aillent et viennent et dégourdissent leurs membres que l'immobilité fatiguerait. Ils sont chaudement en hiver et fraîchement en été. La couche de fumier qui forme le fond de la boxe invite l'animal à se reposer, elle développe une chaleur douce, que l'on règle et que l'on tempère à l'aide d'une bonne aération.

» Des épreuves exactement suivies m'ont permis de constater que des vaches, mises successivement dans des boxes, puis dans des étables où elles étaient attachées, dépensaient moins et produisaient plus de lait dans le premier cas que dans le second. »

Il serait trop dispendieux de placer les animaux de travail, chevaux ou bœufs, dans des boxes; mais les écuries qui contiennent un nombreux bétail n'en doivent être que plus soignées; l'aération peut et doit être plus forte, la terre mêlée aux litières plus abondante, les badigeonnages à la chaux plus fréquents.

On ne saurait trop recommander ces précautions de salubrité aux cultivateurs de nos contrées pauvres, dont le bétail est souvent un des meilleurs produits, et qui en tireraient des bénéfices trois fois plus élevés, s'ils ne le plaçaient pas dans des étables basses, sans air, aux murailles lézardées et pleines de vermine. Que de fois ai-je vu de malheureux animaux, la tête sous les toiles d'araignée et les pieds plongés dans un fumier soulevé, qui dégageait en vapeurs nuisibles les meilleurs et les plus féconds de ses principes !

S'il faut apporter tant de soins à l'entretien des étables, on doit en prodiguer encore de plus attentifs et de plus intelligents aux animaux eux-mêmes. L'étrille et la brosse doivent les débarrasser des poussières et de la crasse qui bouchent les pores de la peau et, en interceptant la transpiration, nuisent au bon état de santé du bétail.

M. Decrombecque fait mieux. Lorsque le poil des animaux commence à grandir et à les gêner, il le fait brûler; c'est-à-dire, que l'on promène sur tout le corps du patient une sorte de lampe plate, en forme d'étrille, et enflammée. Un tube de caoutchouc, qui y est attaché, met en communication l'appareil avec un des conduits du gazomètre. Le gaz alors s'échappe par les trous multiples de la lampe et entretient constamment la flamme.

Comme on n'agit pas sur des animaux fins, l'opération peut être faite très-grossièrement. Aussi demande-t-elle peu de temps. On la termine par un lavage énergique à la brosse et au savon.

Souvent ce traitement est appliqué à des animaux à l'engrais, qui ont perdu l'appétit. Il est remarquable qu'après la tonte et le lavage, ils mangent mieux, et leur engraissement, un moment interrompu, s'achève convenablement.

Les bêtes de travail sont tondues deux fois par an.

Ainsi entretenu, placé dans un local propre, spacieux, aéré, ayant un bon lit pour se reposer, l'animal réclame une nourriture en rapport avec le produit qu'il est appelé à fournir.

Elle est abondante, mais elle est calculée; car s'il est important que l'animal ne manque de rien, il ne faut pas non plus qu'il se dégoûte. Chargée de beaucoup de principes nutritifs sous un faible volume, pour les bêtes de trait qui doivent consommer vite, elle est administrée sans inconvénient sous un plus gros volume aux bêtes à l'engrais, qui ont tout le temps de la ruminer et de la transformer en chair et en graisse.

Les mélanges, selon M. Decrombecque, ont une grande valeur. Aussi ne donne-t-il presque jamais une nourriture seule ; mais comme pour qu'un mélange soit le plus parfait possible, il faut que les matières échangent, pour ainsi dire, et s'incorporent mutuellement leurs divers principes, il les fait fermenter.

Ainsi les *mélanges* et la *fermentation*, voilà les deux règles de l'alimentation des animaux à Lens.

Suivant que la nourriture est destinée aux chevaux ou aux bœufs, les modes de préparation diffèrent sous certains rapports et méritent d'être étudiés.

En principe général, M. Decrombecque reconnaît que la paille, qui n'a en elle-même qu'une faible valeur nutritive, ne doit entrer dans les rations que pour une proportion restreinte et encore après avoir été transformée par des préparations habiles. C'est là que le mélange et la fermentation jouent leur rôle.

Montez dans le grenier qui domine l'étable, vous trouvez le hache-paille (et c'est là qu'il devrait toujours être, afin de simplifier la main-d'œuvre). Un ouvrier y fait passer chaque jour les fourrages nécessaires à tous les animaux de ferme. Paille de froment, paille de seigle (la meilleure, quand elle est hachée, dit M. Decrombecque), paille d'avoine, luzerne, foin, etc., sont coupés ensemble, ce qui constitue un premier mélange.

Du hache-paille ces fourrages, tranchés à 1 centimètre pour les chevaux, à 2 centimètres 1/2 pour les bêtes à cornes, tombent dans un blutoir, qui enlève *la poussière, cause trop souvent répétée des maladies du bétail.*

RATION DES CHEVAUX.

Pour préparer les rations destinées aux chevaux, on étend les coupages sur un plancher et on les unit, par couches superposées, avec une mixture de sarrasin, d'orge, de fèves et de seigle, brisés et trempés dans l'eau pendant quelques heures. On y joint de l'avoine sèche, descendant d'un grenier par un conduit incliné, foncé d'une toile métallique, qui laisse encore traverser la poussière.

Fourrages et grains sont alors brassés et placés aussitôt dans de grands bacs en briques revêtus de ciment.

Le mélange y fermente 48 heures en hiver et 24 heures seulement en été. Un lit de menue paille, placé à la surface du bac, empêche la chaleur de se dégager. Si l'on enfonce la main dans la masse, on sent une douce température ; et si l'on en retire un fragment, on est charmé du parfum mielleux qui s'en échappe.

Une telle nourriture ne peut qu'être appétée vivement par les animaux.

Si nous voulons maintenant établir le prix de la ration d'un cheval, nous avons :

Orge	2 k.	0.18 c. l'un.	0.36 c.
Sarrasin	2	0.18 —	0.36
Avoine.	» 1/2	0.25 —	0.12 1/2
Fèves.	» 1/2	0.25 —	0.12 1/2
Paille et fourrages hachés.	9	0.10 —	0.90
Seigle.	1	0.25 —	0.25
Sel, 80 gr.	»	0.07 1/2 les 100 gr.	0.06
	15 k.		2.18 c.

« Une nourriture ainsi composée, dit M. Decrombecque, coûte, sans la paille hachée, 1 fr. 28.

D'après les remarques que j'ai faites, il me faudrait, pour remplacer cette alimentation, au moins 9 kilog. d'avoine qui coûteraient, à 24 fr. les 100 kilog., 2 fr. 16 au lieu de 1 fr. 28. Il résulte donc une économie de 88 c. pour la ration solide. »

RATION DES BŒUFS.

La ration des bœufs soit à l'engrais, soit de travail, se compose de 15 kilog. de pulpes pressées, provenant de la sucrerie de la ferme, et conservés sous des hangars dans d'énormes silos ovales creusés dans le sol et construits à la manière des fours à chaux. Aux pulpes s'ajoutent des tourteaux de lin, d'œillette et de colza mêlés, du sarrasin, de la paille et des fourrages hachés.

Avant d'être soumise à la fermentation, cette nourriture est déposée dans une vaste chaudière, où la vapeur la pénètre pendant une heure ou deux. La paille s'approprie ainsi les principes du sarrasin et des tourteaux, et il en résulte un pudding très-odorant, très-appétissant.

Outre les pulpes et le mélange, on donne encore 1 kilog. de tourteaux en morceaux aux animaux qui travaillent beaucoup, et quelquefois un supplément de même nature aux bêtes d'engrais, qu'on veut pousser et qui paraissent aptes à en bien profiter.

Voici les quantités et le prix de revient par tête :

Sarrasin, ...	3 k.	0.18 c. l'un	0.54
Tourteaux en morceaux	1 k.	0.20 —	0.20
Tourteaux en poudre	1 k.	0.20 —	0.20
Paille et fourrages hachés	3 k.	0.10 —	0.30
Pulpes.........	15 k.	5.00 les 100 k.	0.22 1/2
Sel........ 90 gr.		0.07 1/2	0.06 1/2
	23 k.		1.53

Lorsqu'un nouvel animal arrive dans la ferme, on le met d'abord au foin ei à la paille; mais il s'habitue très-vite aux mélanges et les préfère ensuite à tout.

La variété des aliments n'a pas seulement pour but d'exciter et de soutenir l'appétit des animaux; elle est une des bases du système d'économie de Lens, qui ne néglige aucun détail.

Selon qu'une denrée alimentaire hausse ou baisse de prix, elle entre en moindre ou en plus grande quantité dans les rations, en tenant toujours compte de sa valeur intrinsèque.

Ainsi, en 1866-67, l'avoine étant fort chère, M. Decrombecque y substitua une ration où le sarrasin avait une grande place, comme on l'a certainement remarqué. Il s'en trouva bien; car cette céréale renferme à volume égal des principes nutritifs plus abondants que l'avoine. Sans parler des autres substances, l'analyse qu'en donne M. de Gasparin prouve que l'une contient 2,24 p. 100 d'azote seulement, et l'autre en contient 2,40. Peut-être le sarrasin est-il un peu échauffant; aussi a-t-on toujours soin de ne le faire consommer qu'en mélange avec le seigle et l'orge, qui nourrissent et rafraîchissent à la fois.

Quelques mois plus tard, ayant entendu parler d'une alimentation très-économique obtenue par le son, M. Decrombecque l'introduisit dans sa ferme.

D'abord le son n'entra dans les rations qu'à raison de 1 kilog. Puis, après des expériences faites sur quelques animaux qui se trouvèrent fort bien d'une nourriture en partie formée de ce résidu de nos moulins, on adopta les quantités suivantes, que recevaient en décembre dernier près de trois cents animaux.

La ration des chevaux était ainsi composée :

3 kil. d'avoine . à	0.25	l'un	0.75
4 kil. de son à	0.15	—	0.60
2 kil. 1/2 de seigle (hivernage) à . .	0.15	—	0.37
1 kil. de tourteaux à	0.15	—	0.15
			1.87

Avec 12 kil. de coupage et 30 grammes de sel.

La ration des bœufs était de :

1 kil. 1/2 de tourteaux en morceaux à	0.15	0.22 1/2
1 kil. de tourteaux en poudre à . . .	0.15	0.15
3 kil. de son à.	0.15	0.45
		0.82 1/2

avec 5 kilog. de coupage, des pulpes et 30 grammes de sel que l'on unit à toutes les nourritures, comme stimulant et comme fortifiant.

Le son contient beaucoup de gluten, que la mouture ne peut séparer de l'écorce du grain, ainsi qu'une forte proportion d'acide phosphorique et de potasse. Il convient donc de l'adjoindre à la paille, aux pulpes et au foin.

Expérimenté en Belgique, dans l'engraissement des moutons avec des pulpes, on l'a préféré au seigle concassé, même à quantité égale.

Voici le tableau des résultats d'après le *Journal du Brabant* :

	2 moutons nourris avec 2 livres de son de seigle, 4 livres de foin et de paille hachée.	2 moutons nourris avec 2 livres de seigle concassé, 4 livres de foin et de paille hachée.
Poids au 1er jour. .	156 livres.	154 livres.
Poids après 40 jours	197 livres.	181 livres.
Valeur du fourrage consommé.	7 fr. 52	10 fr. 15
Prix de revient de la viande sur pied par livre	0 fr. 16	0 fr. 32

La force nutritive du son augmente beaucoup par la cuisson dans l'eau, surtout si l'on y mêle un peu de carbonate de soude. Ce sel agit sur les parties solubles du son et le rend plus assimilable.

En Allemagne, on le fait tremper d'abord dans l'eau bouillante, faiblement acidulée par l'acide chlorydrique, et cuire ensuite avec un peu de soude.

Par cette double addition, on arrive à faire dissoudre 70 0/0 de la substance du son, tandis que l'eau pure n'en dissout que 10 0/0, et l'eau chargée de soude 50 0/0.

A Lens, on prépare le son dans un grand bac de fer, au fond duquel se rendent, par un tuyau pouvant s'ouvrir à volonté, les vapeurs perdues de la machine. Un hectolitre d'eau est versé, on y jette une livre de cristaux de carbonate de soude et un demi-verre ou 100 grammes environ d'acide chlorhydrique. La vapeur fait fondre la soude, et l'on ajoute alors, en plusieurs fois, 150 kilog. de son dans le mélange. L'ouvrier a soin de brasser fortement; et, quand tout le son est humide, il le transvase à la pelle dans une grande cuve, où il cuit à la vapeur pendant deux heures. Ce n'est qu'après cette préparation qu'on l'unit aux autres grains et aux fourrages hachés. Le mélange complet est alors déposé jusqu'au lendemain dans des bacs de fermentation.

Grâce à une observation constante et minutieuse des lois de l'hygiène, le bétail qui se succède à Lens, dans une proportion de 5 à 600 têtes par an, se conserve généralement sain.

La seule maladie dont on ait souffert est la péripneumonie, qui fait de temps en temps une apparition causée sans doute par des animaux récemment achetés. On la combat avec assez de succès par l'inoculation.

CHEVAUX POUSSIFS.

Un fait dont il doit être parlé, c'est l'action de la nourriture hachée et fermentée sur les animaux atteints de la pousse. M. Decrombecque dit qu'il a guéri, en l'employant, un grand nombre de chevaux. Je me souviens en effet d'en avoir vu plusieurs qui avaient recouvré toute leur vigueur au travail et chez lesquels le mouvement du flanc s'était tellement atténué qu'on pouvait croire à une guérison.

Les fourrages étant hachés et unis aux grains perdent beaucoup de leur volume ; aussi les rations remplissent moins l'estomac ; elles permettent aux organes respiratoires de fonctionner plus librement, de se développer, et, en se fatiguant moins, de se fortifier.

Quant à l'action résultant de la fermentation, elle a été constatée ; mais il me semble difficile de l'expliquer.

C'est ainsi que l'expérience accrédite en hygiène et en alimentation, comme en toute science naturelle, des pratiques dont les phénomènes nous échappent. Il est cependant bon de les signaler, pour que chacun en profite et continue à les observer.

TABLE DES MATIÈRES.

FIN DE LA TABLE DES MATIÈRES.

LE

MÉMORIAL AGRICOLE DE 1867

OU

L'AGRICULTURE

A BILLANCOURT ET AU CHAMP-DE-MARS

Par **Louis Hervé**

Avec la collaboration de MM. DUDOUY, VIANNE, DE KERWAN ET GOSSIN

Un beau volume de 400 pages, à doubles colonnes illustré de 430 gravures.

Prix : broché, 8 fr. — Relié, 10 fr.

Ce magnifique ouvrage, qui est le grand succès agricole du jour, est une revue sérieuse, pratique et substantielle des procédés, des instruments et des animaux, qui ont constitué la part de l'agriculture dans l'Exposition universelle.

Quatre cents gravures accompagnent le texte.

M. Louis Hervé, principal rédacteur de l'ouvrage, s'est adjoint d'excellents collaborateurs, qui ont traité diverses spécialités avec une compétence supérieure. Ainsi M. Dudouy a traité des matières fertilisantes; M. Gossin, des charrues et des herses; M. Vianne, ingénieur civil, des batteuses, manéges et machines à vapeur; M. de Kerwan a traité à fond de la silviculture, et M. Louis Gossin termine par une revue complète de l'enseignement agricole dans toutes les parties du monde civilisé.

Le *Mémorial agricole* justifie admirablement son titre, et la plupart des Comices se font un devoir, dès aujourd'hui, de le donner en prix aux instituteurs qui répandent l'enseignement agricole. Il n'est pas de bibliothèque rurale, publique, ou privée, où ce magnifique ouvrage ne soit destiné à perpétuer, en les développant, les enseignements de toute nature qui ont été offerts au monde agricole par l'Exposition universelle et les grands concours dont elle a été l'occasion.

En envoyant le montant de cet ouvrage à M. BLÉRIOT, éditeur, 55, quai des Grands-Augustins, à Paris, on le recevra immédiatement *franco* à domicile.

LA GAZETTE DES CAMPAGNES

JOURNAL POLITIQUE ET AGRICOLE

paraissant tous les samedis

RÉDACTEUR EN CHEF LOUIS HERVÉ

Prix de l'abonnement d'un an : 12 fr.

BIBLIOTHÈQUE

USUELLE DES VILLES ET DES CAMPAGNES

PAR GILLET-DAMITTE

Un très-grand nombre de nos lecteurs ont acheté les cinq premiers volumes de la *Bibliothèque usuelle de M. Gillet-Damitte;* et plusieurs nous ont écrit que ces petits traités, tant à raison de la modicité de leur prix que de leur substantielle simplicité, répondaient à un besoin de notre époque; grâce à cette faveur du public, les éditions se sont succédé rapidement. Aussi, encouragé et stimulé par ce succès, M. Gillet-Damitte vient-il d'ajouter trois titres à sa collection. Nous les recommandons à l'attention toute spéciale de ceux qui ont acheté les cinq premiers :

Amendements et engrais, ou **l'Art de fertiliser les terres.** Ce volume fournit, en substance, l'enseignement agricole actuellement donné par la science, sur les moyens les plus sûrs et les plus économiques d'améliorer le sol de manière à en obtenir des produits avantageux. 1 vol. in-12. 30 c.

Art des feux d'artifices ou **Pyrotechnie.** Ce volume, accompagné d'une planche explicative, expose avec méthode et à la portée de tout le monde la manière de faire soi-même, à bon marché, toutes les pièces qui entrent dans la composition d'un feu d'artifice. 1 vol. in-12, avec planche. 35 c.

Petit Manuel de la bonne cuisine économique et simplifiée. Rédigé d'après des notes fournies à l'auteur par un amateur de bon goût, sous le contrôle de plusieurs dames capables dans l'administration d'une maison, il offre à toutes les bonnes ménagères, aussi bien qu'aux fidèles servantes, les moyens de préparer économiquement tous les aliments; malgré le cadre resserré de ce volume, l'auteur a pu réussir à embrasser toutes les parties essentielles de l'art culinaire et à donner 240 recettes diverses aussi simples que faciles à exécuter. 1 vol. in-12. 30 c.

Le succès de ce petit volume a été prodigieux : un de nos abonnés nous écrivait il y a peu de jours : Votre bonne cuisine résout un problème en apparence insoluble : faire une cuisine succulente et saine à peu de frais.

Hygiène de la table ou **propriété des aliments** par rapport à l'économie domestique et à la santé. 1 vol. in-12. 30 c.

Petit Manuel d'économie domestique. In-12. 30 c.

Les trois volumes suivants sortent de presse et viennent d'être ajoutés à la collection.

Petit Manuel d'arboriculture fruitière, en collaboration avec Philippe Bille, horticulteur à Orléans. 1 vol. avec planche. 35 c.

Petit Manuel de floriculture, Culture des fleurs dans les petits parterres, sur les fenêtres et dans les appartements, en collaboration avec Philippe Bille. 1 vol. 30 c.

Petit Manuel d'oléricuIture, culture des légumes dans les petits jardins, en collaboration avec Philippe Bille. 1 vol. 30 c.

La collection des huit volumes parus de la BIBLIOTHÈQUE USUELLE sera expédiée franc de port à tous ceux qui enverront 2 fr. 50 c. à **M. BLÉRIOT**, *éditeur*, 55, *quai des Grands-Augustins. Paris.*

TRAITÉ SPÉCIAL

SUR

LES OSIERS

PAR

Louis GOSSIN

CULTIVATEUR

Professeur d'agriculture à l'Institut normal agricole de Beauvais.

1 vol. avec gravures. Prix : 2 fr.

PETITS TRAITÉS A DIX CENTIMES

PUBLIÉS PAR LA SOCIÉTÉ DES LIVRES UTILES

Economie domestique.

1. Chose bien commencée est à moitié terminée.
2. Les cloches du mariage.
3. Qui ne prodigue pas ne manque pas.
4. Provision n'est pas profusion.
5. Les jeunes gens dans les grandes villes.
6. Les combats de la vie.
7. Importance d'une bonne nourriture.

Hygiène.

8. Comment on rend une maison saine.
9. Influence des boissons saines.
10. L'eau pure et ses effets.

Proverbes familiers.

11. Qui emprunte coup sur coup se ruine tout d'un coup.

12. Un homme est ce que la femme le fait, ou les bonnes femmes font les bons maris.

13. Le foyer de la maison, ou les hommes tels qu'ils sont et les femmes telles qu'elles devraient être.

14. Chat gâté n'a jamais pris de souris.

Pour recevoir les quatorze traités, envoyer 1 fr. 40 c. à *M. Blériot*, éditeur, 55, quai des Grands-Augustins, à Paris.

ENSEIGNEMENT CLASSIQUE AGRICOLE

COURS COMPLET A L'USAGE DES ÉCOLES PRIMAIRES

Sous la direction de **M. Louis GOSSIN**

Avec la collaboration de professeurs de Facultés ou de Lycées et d'Inspecteurs de l'instruction primaire,

Approuvé par la Commission des Bibliothèques scolaires et recommandé par la Commission impériale pour le développement de l'enseignement agricole, sous la présidence de **S. Exc. M. Duruy**, ministre de l'instruction publique.

Arithmétique élémentaire agricole, par M. Louis Gossin, 1 beau volume in-12, de 230 pages, illustré et solidement cartonné. — Prix : 1 fr. 25. — Les 13 exemplaires : 15 fr. Avec les solutions (partie du Maître) : 1 fr. 60. — Les 13 exemplaires : 19 fr. 20.

Grammaire française, avec exemples et exercices se rapportant à l'agriculture, par MM. Louis Gossin et Lancelin, inspecteur de l'enseignement primaire, 1 volume in-12, imprimé avec soin. Prix cartonné : 1 fr. — Les 13 exemplaires : 12 fr.

Cours gradué de dictées françaises, faisant suite aux *exercices de la grammaire française* et pouvant servir de complément à toutes les grammaires, par M. Louis Gossin, 1 volume in-12. Prix cartonné : 70 centimes. — Les 13 exemplaires : 8 fr. 40.

Syllabaire, par M. Louis Gossin, 1 volume in-12. Prix cartonné : 50 centimes. — Les 13 exemplaires : 6 fr.

Méthode rationnelle de lecture, d'après les principes de

la *méthode Sénéchal*, à caractères mobiles, 9 tableaux. — Prix en feuilles : 1 fr. 60. — Sur carton, 2 fr. 80. Les tableaux sur carton ne peuvent être expédiés que par chemin de fer et aux frais du destinataire.

PREMIER LIVRE DE LECTURE COURANTE, à l'usage des plus jeunes élèves des écoles primaires rurales, par M. Louis GOSSIN, 1 volume in-12. — Prix cartonné : 60 centimes. — Les 13 exemplaires : 7 fr. 20.

LECTURES CHOISIES, accompagnées de questionnaires et d'exercices à l'usage des écoles et des familles, par M. Louis GOSSIN, 1 très-fort volume in-12. — Prix cartonné : 1 fr. 60. — Les 13 exemplaires : 19 fr. 20.

MANUEL ÉLÉMENTAIRE ET CLASSIQUE D'AGRICULTURE, D'HORTICULTURE ET DE JARDINAGE, par M. Louis GOSSIN, 1 volume illustré. — Prix : 1 fr. 25. — Les 13 exemplaires : 15 fr.

HISTOIRE DE FRANCE ABRÉGÉE, contenant l'histoire du travail agricole et industriel, par M. Emile CHASLES, professeur à la Faculté des lettres de Paris, 1 volume in-12. — Prix cartonné : 1 fr. 25. — Les 13 exemplaires : 15 fr.

Toutes les demandes seront expédiées franco jusqu'au domicile du destinataire. — Si l'envoi doit être important, prière d'indiquer la gare la plus rapprochée du domicile.

Le prix des ouvrages doit être adressé en timbres-poste ou mieux en mandats sur la poste à M. BLÉRIOT, éditeur des Classiques agricoles, 55, quai des Grands-Augustins, à Paris.

HISTOIRE NATURELLE

PAR

Louis GOSSIN,

Chevalier de la Légion d'honneur, cultivateur et professeur d'agriculture du département de l'Oise.

Un beau vol. in-12, illustré de nombreuses gravures.

Prix: 2 francs.

TRAITÉ ÉLÉMENTAIRE

DE

CHIMIE AGRICOLE,

Par MASURE,

Professeur au Lycée d'Orléans.

Un beau volume illustré de très-belles gravures.

Prix: 2 francs.

PHYSIQUE

ET

MÉCANIQUE AGRICOLE,

PAR

Louis GOSSIN,

Chevalier de la Légion d'honneur, cultivateur et professeur d'agriculture du département de l'Oise.

Un beau volume in-12, illustré de très-belles gravures.

PRIX : 2 FRANCS.

Saint-Cloud. — Imprimerie de Mme Ve Belin.

ENSEIGNEMENT CLASSIQUE AGRICOLE

COURS COMPLET

A L'USAGE DES ÉCOLES PRIMAIRES

SOUS LA DIRECTION

De M. Louis GOSSIN

Cultivateur, Chevalier de la Légion d'honneur, Professeur d'agriculture du département de l'Oise et de l'Institut normal agricole de Beauvais

AVEC LA COLLABORATION

De Professeurs de Facultés, de Professeurs de Lycées et d'Inspecteurs de l'Instruction publique

Approuvé par la Commission des Bibliothèques scolaires ;
Recommandé par la Commission supérieure de l'Enseignement agricole, sous la présidence de S. Exc. M. Duruy, ministre de l'Instruction publique.

ARITHMÉTIQUE, par Louis Gossin ; in-12, cartonné.
Partie de l'Elève........
Partie du Maître........

MANUEL ÉLÉMENTAIRE ET CLASSIQUE D'AGRICULTURE, D'HORTICULTURE ET DE JARDINAGE, par Louis Gossin ; in-12, cart........

GRAMMAIRE FRANÇAISE, avec exemples et exercices se rapportant à l'agriculture, par Louis Gossin et Lancelin ; in-12, cart.

COURS GRADUÉ DE DICTÉES FRANÇAISES, à l'usage des écoles primaires rurales, par Louis Gossin ; in-12........

PREMIER LIVRE DE LECTURE COURANTE, par Louis Gossin ; in-12........

LECTURES CHOISIES, accompagnées de questionnaires et d'exercices, à l'usage des écoles et des familles ; un fort vol. in-12, cart.

HISTOIRE DE FRANCE, par E. Chasles, professeur à la Faculté des lettres de Paris........

MÉTHODE RATIONNELLE DE LECTURE, d'après les principes de la méthode Sénéchal, à caractères mobiles, 9 tableaux........

HISTOIRE NATURELLE, par Louis Gossin, illustrée de nombreuses gravures ; in-12, cart........

ÉLÉMENTS DE MÉCANIQUE ET DE PHYSIQUE AGRICOLES, par Louis Gossin, illustré de nombreuses gravures ; in-12, cart........

TRAITÉ SPÉCIAL SUR LES OSIERS

PAR M. LOUIS GOSSIN

Ouvrage illustré de nombreuses gravures, 1 vol. in-12. — Prix........

GAZETTE DES CAMPAGNES

JOURNAL POLITIQUE ET AGRICOLE, ORGANE DES INSTITUTIONS RURALES

sous la direction de M. Louis HERVÉ

6e ANNÉE. — Parait le Samedi, grand format. — Prix........

www.ingramcontent.com/pod-product-compliance
Ingram Content Group UK Ltd.
Pitfield, Milton Keynes, MK11 3LW, UK
UKHW021145260726
13994UKWH00001B/308

9 782329 320342